Rockelmann · Wimmer Neue Modellbahn-Basteltipps

Rockelmann/Wimmer

# Neue Modellbahn-Basteltipps

GeraMond

## Impressum

Ein kostenloses Gesamtverzeichnis erhalten Sie beim
GeraMond Verlag
D-81664 München

www.geramond.de

Lektorat: Rudolf Heym
Layout: Rudolf Heym
Repro: Scanner Service
Herstellung: Thomas Fischer

Alle Angaben dieses Werkes wurden von den Autoren sorgfältig recherchiert und auf den aktuellen Stand gebracht sowie vom Verlag geprüft. Für die Richtigkeit der Angaben kann jedoch keine Haftung übernommen werden. Für Hinweise und Anregungen sind wir jederzeit dankbar. Bitte richten Sie diese an:
GeraMond Verlag
Produktmanagement
Innsbrucker Ring 15
D-81673 München
e-mail: lektorat@geranova.de

Bildnachweis:
Titelbilder: Kosak/Archiv GN (großes Bild);
Sammlung Rockelmann/Wimmer (kleine Bilder Umschlagvorderseite);
Bernd Franta (Umschlagrückseite)
Alle nicht gekennzeichneten Bilder stammen von den Autoren.

Die Deutsche Bibliothek – CIP-Einheitsaufnahme:

Ein Titeldatensatz für diese Publikation ist bei
Der Deutschen Bibliothek erhältlich


Printed in Italy by Printer Trento
ISBN 3-7654-7265-4

Kosak/Archiv GN

# Einige Worte zuvor

In gewisser Weise ist es, zumindest auf den ersten Blick, schon etwas seltsam. Da werden die Kataloge der Modellbahnindustrie von Jahr zu Jahr dicker und die Zahl der alljährlich zur Nürnberger Spielwarenmesse als „neu" bezeichneten Artikel hat einen immensen Umfang erreicht. Neuheitenprospekte großer Hersteller sind heute mitunter dicker als vor vierzig Jahren der Gesamtkatalog. Das industrielle Angebot an Modelleisenbahnen und Zubehör zeigt sich zweifellos so vielfältig wie selten zuvor. Bedarf es deshalb überhaupt noch besonderer Bemühungen, auch bisweilen ein „eigenes" Modell herzustellen und nicht vollständig auf das Industrieangebot zurückzugreifen?

Wir meinen dazu ganz klar: „Ja, selbstverständlich!" Abgesehen davon, dass es unzählige Gegenstände des Vorbildes geben wird, die – aus welchen Gründen auch immer – kein Hersteller als Modell produziert, spielt auch die Freude am Bauen eigener Modelle eine nicht zu unterschätzende Rolle. Es ist eben schon ein Unterschied, ob ich beispielsweise einen Gebäudebausatz „aus der Schachtel" erstelle oder statt dessen ein Wartehäuschen, das ich vielleicht an der Bushaltestelle in Döbra entdeckte, nachzubauen versuche. Und hier setzt dann vielfach eine persönliche Entwicklung ein, die rasch weitere Kreise ziehen kann.

Sollte das Ergebnis des ersten Bastelversuches nicht hundertprozentig befriedigen – es ist noch kein Meister vom Himmel gefallen! Gerade vom Umfang her kleinere Bastelarbeiten haben ja den Vorteil der guten Überschaubarkeit. So faszinierend auch der völlige, maßstabsgetreue Selbstbau etwa des Vienenburger Bahnhofsgebäudes oder des Postamts von Bad Liebenstein sein mag, so langwierig würde sich die Arbeit gestalten und vielleicht die Lust am Basteln schwinden lassen. Beginnen Sie daher mit kleineren Arbeiten und steigern deren Umfang allmählich!

Denn auch in dieser Hinsicht gibt es ein reiches Betätigungsfeld, wie der bewusst weit gespannte Rahmen in diesem Buch zeigen wird. Von Bahnübergängen für Fußgänger beschäftigen wir uns über kleine Holzbrücken, Wartehäuschen oder Altkleiderbehälter bis hin zu einem Traktor bzw. Lastkraftwagen auf Schienen.
Selbstverständlich werden dazu auch häufig industriell gefertigte Teile mit verwendet, denn alles müssen wir ja nicht selbst herstellen. Die richtige Mischung macht's …

Ulrich Rockelmann

Lubosch Wimmer

Abschließend möchten wir uns bei all denjenigen herzlich bedanken, die mit Rat und Tat zum Gelingen dieser Veröffentlichung beigetragen haben: Klaus Dieregsweiler, Bernd Franta, Rainer Gumpp, Karlheinz Härtel, Fa. Mabeg GmbH, Karin Rockelmann, Saarbahn Saar GmbH sowie Bastian, Ilona und Peter Werner.

Ulrich Rockelmann
und Lubosch Wimmer
Nürnberg, im April 2003

# Neben den

# Gleisen

Kosak/Archiv GN

**Ho-Modell des Nebengebäudes mit Toiletten und Waschhaus; Ansicht schräg von vorn**

## Nebengebäude am Bahnhof in sächsischem Stil

Viele der im 19. Jahrhundert entstandenen Bahnhofsgebäude waren nicht an das Kanalisationsnetz angeschlossen. Zwar gab es schon Toiletten („Plumpsklos“) innerhalb des Gebäudes für Beschäftigte und Hausbewohner, doch sah es für die Fahrgäste meist sehr viel bescheidener aus. Öffentliche Aborte befanden sich in separaten Gebäuden, die dann auch noch – dienstliche – Abstellräume oder ein Waschhaus aufweisen konnten. War dies der Fall, wurden solche Nebengebäude in massiver Bauweise errichtet und stilistisch dem Hauptgebäude angeglichen.

Betrachten wir als Beispiel den sächsischen Bahnhof Voigtsgrün an der am 29. November 1875 eröffneten und bereits im darauf folgenden Jahr verstaatlichten Strecke Zwickau – Falkenstein (Vogtland).

Das Empfangsgebäude ist im typisch sächsischen Stil gehalten, der insbesondere durch äußerst flach geneigte Satteldächer gekennzeichnet ist. Dazu passend entstand wenige Meter abseits ein Nebengebäude mit Toiletten, Waschhaus und Abstellräumen.

Die Dachneigung war ähnlich flach wie beim Hauptgebäude. Abgesehen von einem kleinen Anbau – der möglicherweise erst nachträglich dazu kam – zeigte sich der Grundriss achsensymmetrisch zur Dachfirstlinie. Beide Aborte lagen in einem fensterlosen, schmalen Gebäudeteil, während die anderen, daran anschließenden Räume insgesamt drei Fenster besaßen. Dort war auch der bereits erwähnte kleine Anbau mit Pultdach vorhanden; der Holztür nach zu urteilen diente dieser möglicherweise zur Lagerung von Hausbrand.

Das gesamte Bauwerk ist verputzt und besaß ursprünglich die gleiche Farbgebung wie das Empfangsgebäude; in unserem Fall wählten wir einen hellgrau-

**Der kleine Anbau an der Gegenseite kam beim Original offenbar erst nachträglich dazu**

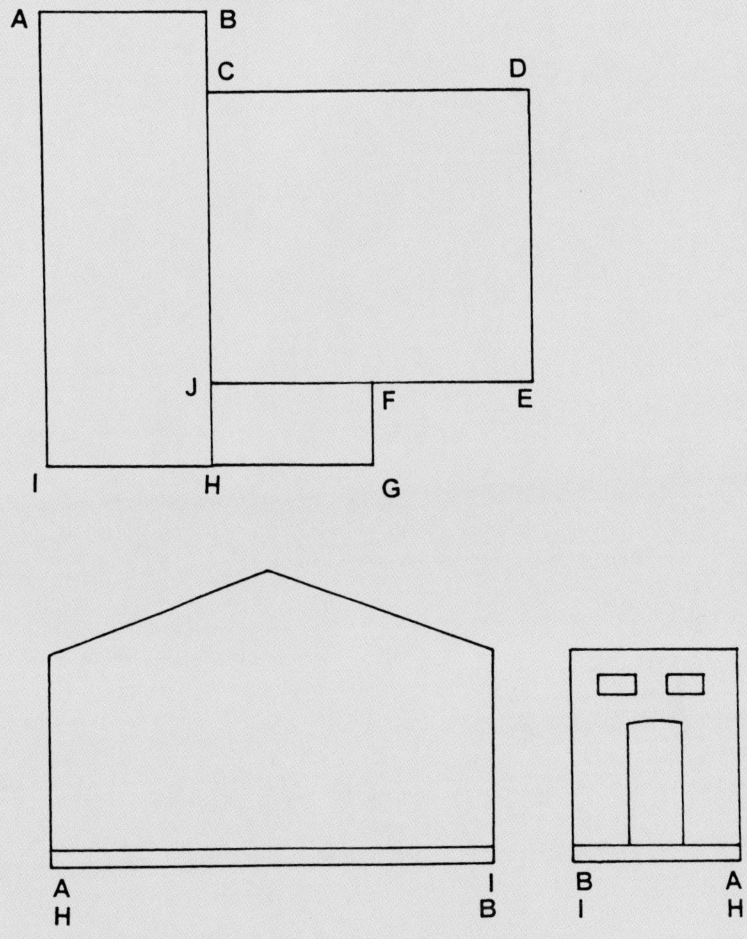


**Voigtsgrün, Teil 1 (Maßstab 1:120, TT). Es bedeuten von oben nach unten: Grundriss (Buchstaben entsprechen der Lage der folgenden Skizzen); Giebelseite des Toilettenteils; Seite des Toilettenbaus (jeweils zweimal nötig)**

en Farbton. Als Baumaterial diente feinfaseriger Karton, der innen an den Kanten mit Holzleistchen versteift wurde.

Die drei Fenster entstanden im Eigenbau – Sprossen aus Klebeetiketten ausschneiden und auf Klarsichtfolie kleben. Unter Umständen finden Sie aber in ihrer Bastelkiste aus anderen Bausätzen übrig gebliebene Kunststoff-Fensterrahmen, was die Arbeit

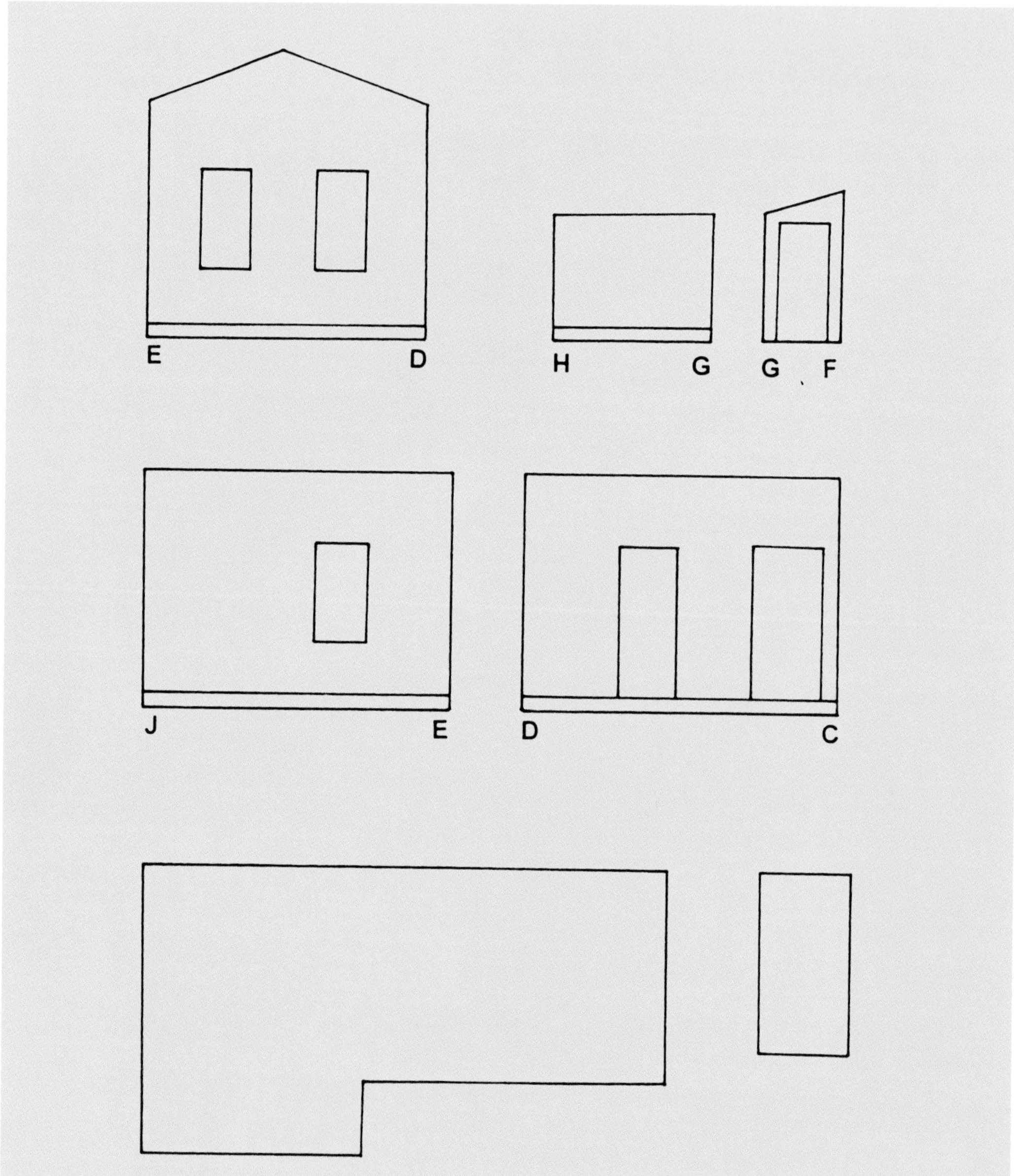


**Voigtsgrün, Teil 2: Giebelseite des Waschhausteils; Seiten- und Stirnwand des Anbaus; Seitenteile des Waschhausteils; Dachhälfte des Hauptgebäudes; Dach des Anbaus (Maßstab 1:120, TT)**

etwas erleichtert. Türen werden, ebenso wie die Sockelleisten, aus dünnem Karton gefertigt. Das Dach „decken" wir mit Dachpappe: Streifen von schwarz gefärbtem Zeichenpapier. Dachrinnen und Fallrohre sind als Einzelteile in Bastelpackungen – etwa von der Firma Auhagen – erhältlich. Interessant ist die Rohranordnung an der Vorderseite des Toilettenteils! Abschließend wird noch ein Schornstein aufgesetzt, der gegebenenfalls aus einem Vierkantholz selbst gefertigt werden kann. Die Grundmaße entnehmen Sie bitten den im Maßstab 1:120 gehaltenen Skizzen; eine Umrechnungstabelle in andere Maßstäbe findet sich im Anhang.

## Güterschuppen für Schmalspurbahn

Die Anregung zum Bau eines derartigen Schuppens kam durch eine kleine Zeichnung im bereits 1977 erschienenen Buch „Eisenbahnen in Sachsen" von Siegfried Bufe. „Güterschuppen in Potschappel" lautete die Legende und wies auf das damalige sächsische Schmalspurnetz im Raum Freital/ Wilsdruff hin. Wegen der doch recht kleinen Zeichnungswiedergabe handelt es sich auch nicht um einen sklavischen Nachbau des Gebäudes, zumal lediglich drei Maße angegeben waren: Gebäudelänge acht Meter, Breite fünf Meter und Breite der Ladetür 2,5 Meter.

**Das Modell des Güterschuppens in Potschappel wurde anhand der Grundmaße (vgl. Text) in den ungefähren Maßstab 1:87 übertragen**

Wie das zuvor beschriebene Nebengebäude entstand auch der kleine Güterschuppen weitgehend aus Karton. Die Seitenteile erhielten eingeritzte senkrechte Bretterfugen, um eine Holzimitation zu erreichen. Der niedrige Sockel entstand aus „schmutzig" gefärbten Mauerplatten. Wenn für die vier benötigten Fenster keine Teile in der Bastelkiste vorhanden sind, bereitet auch ein völliger Selbstbau mit Klarsichtfolie und darauf geklebten schmalen Papierstreifen keine Schwierigkeiten. Das Dach erhielt eine Teerpappen-Imitation aus schwarz gefärbtem Zeichenpapier, die Einfassungen an den Giebeln wurden aus Karton gefertigt. Die Dachrinnen sowie die Fallrohre entstammen Einzelteil-Bastelpackungen, wie sie einige Firmen anbieten.

Die schmalen Laderampen an den Längsseiten bestehen aus Karton, der an der Unterseite jeweils neun Querbalken (aus Streichhölzern) erhielt. Für die Treppen wurde wiederum stärkere Pappe verwendet; dünnes Sperrholz eignet sich mindestens ebenso gut.

## Kleiner Lagerschuppen

Am Rand einer Ladestraße könnte dieser kleine Lagerschuppen – Vorbildbauweise aus Holz – stehen. Charakteristisch ist die relativ breite Stirnwandtür, die auch größeren Handwagen Raum lässt. Das Modell entstand bis auf die innere Versteifung (Holzleistchen) aus Karton, wobei durch teilweise „Zweischichtbauweise" ein leicht plastisches Aussehen der Wände erreicht wurde. Die Bretterfugen auf der „unteren" Schicht sind mit einer Schneidfeder eingeritzt worden. Die beiden kleinen Fenster an den

**Das H0-Modell des kleinen Lagerschuppens entstand aus Karton**

**Bauteile des kleinen Lagerschuppens im Maßstab 1:87**

**Im Moment wird das Förderband nicht zum Umladen gebraucht und ist im offenen Unterstand an der Ladestraße abgestellt**

**Foto: Ilona Werner**

Längsseiten stellen Eigenbauten dar, doch könnte hier sicher auch vorhandenes Material aus der Restekiste zur Anwendung gelangen. Der niedrige Sockel wurde durch farblich gealterte Mauerplatten der damaligen DDR-Firma Mamos (heute wieder Auhagen) dargestellt. Ansonsten entspricht der Bau prinzipiell dem des Güterschuppens.

## Offener Unterstand an der Ladestraße

Vor mehr als 25 Jahren stellte sich bei einer H0-Kleinanlage des Verfassers das Problem einer vorbildnahen Gestaltung der Ladestraße. Aus Platzgründen schied ein Güterschuppen aus, denn die dahinter verlaufende Stadtstraße sollte nicht nur wegen des dort verlegten Straßenbahngleises möglichst breit sein. Andererseits war an der Ladestraße eine bescheidene Unterstellmöglichkeit für Geräte erwünscht. Die Wahl fiel nach einigen Überlegungen auf eine weitgehend offene Konstruktion – heute würde man sie wohl „neudeutsch" als eine Art Car-Port bezeichnen.

Ein solcher Gedanke ließ sich auch plausibel in das Anlagenthema einpassen. Angenommenermaßen wurde in den frühen fünfziger Jahren der Güter-

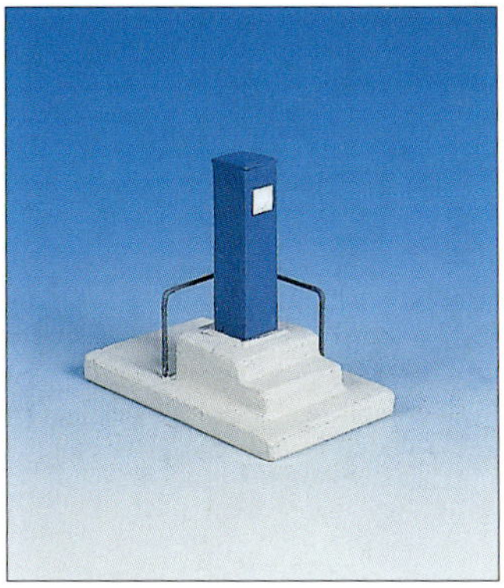

**Die Aufstellung dieser kleinen Dieseltankstelle benötigt nur wenig Platz. Rechts die Skizze (Maßstab 1:87)**

schuppen wegen Baufälligkeit und Neugestaltung der dort liegenden Bushaltestelle entfernt.

Der Bau des Miniatur-Unterstandes gestaltete sich problemlos. Aus Vierkanthölzern – etwa in Bastelgeschäften für Schiffs- und Flugmodellbau erhältlich – entstand ein rechteckiger Bau mit leicht geneigtem Flachdach, das eine Dachpappenimitation aus dunkel gefärbtem Zeichenpapier erhielt. Das Dach ruht auf fünf Quer- und zwei Längsträgern. An zwei Seiten wurde noch eine halb hohe Betonmauer (Material: Pappe oder Sperrholz) eingezogen, die hinten den Bürgersteig und an der Seite eine kleine Grünanlage abschirmt. Der vordere senkrechte Holzpfosten erhielt selbstverständlich einen weißen Warnanstrich.

Auf der Modellbahnanlage diente der Unterstand fortan dem Förderband (älteres Modell der Firma Preiser), das zur fallweisen Kohlenumladung vom Eisenbahnwaggon auf den Lastkraftwagen nötig war, als Abstellplatz.

## Dieseltankstelle „Walsrode“

Im LOK Magazin fiel mir vor einiger Zeit ein interessantes Foto einer schönen Aral-Tankstelle der Verden-Walsroder Eisenbahn (VWE) auf, die einst die beiden im Namen genannten niedersächsischen Städte miteinander verband, aber schon 1936 durch Stilllegung des Mittelabschnitts Stemmen – Böhme zu zwei Stichbahnen verkümmerte.

Heute wird nur noch bedarfsweise Güterverkehr in den Nahbereichen von Verden bzw. Walsrode durchgeführt. Da viele solchernicht-bundeseigenen Bahnen für ihre Fahrzeuge eigene Versorgungsanlagen vorhalten, stand in Walsrode ebenfalls eine Diesel-Zapfanlage mit zwei unterschiedlichen Tanksäulen zwischen den Gleisen.

Eine Säule ähnelt stark der einer typischen Auto-Tankanlage der Epoche 3. Im Programm der Firma Pola findet sich eine kleine Aral-Tankstelle (Artikelnummer 310159) im Maßstab 1:87, so dass wir die im Bausatz enthaltenen Zapfsäulen einschließlich der passenden Aufkleber gut verwenden können. Die Säule wird auf einem quadratischen Sockel (Maße: 10 x 10 x 2 mm) befestigt und erhält zusätzlich einen flexiblen Schlauch, der aus einem dünneren Anschlusskabel hergestellt wird. Er darf ruhig etwas länger sein, damit er auch gut für die Betankung von Schienenfahrzeugen ausreicht.

Nun zur eigentlichen Bastelei. Wenn wir ins Detail gehen, fallen bei den Bahn-Zapfsäulen – abgesehen von der Größe – ein paar Unterschiede zu den Auto-Tanksäulen auf. Im Bahnbereich war eine Preisanzeige nicht nötig und die Kraftstoffmenge wurde meist durch eine runde Anzeigenuhr im Inneren des Kastens abgelesen. Wenn wir unsere Säule nicht mit einem „Innenleben“ ausstatten wollen, ist die Herstellung denkbar einfach. Als Basis dient ein ca. fünf Millimeter starkes Vierkantprofil aus Holz oder Kunststoff, das wir auf eine Länge von 20 Millimetern absägen. Nach

**Eine beladene Feldbahn-Kipplore kurz vor der kleinen Drehscheibe**
**Foto: Ilona Werner**

dem Verschleifen und Säubern wird die etwa einen Millimeter starke Abdeckung aufgeklebt.

Im Bahnhof Walsrode stand die Zapfsäule auf einem erhöhten Betonsockel mit Treppenaufgang. Für das Modell wurde dieser gemäß Foto leicht abgewandelt, dazu erhielt die Säule aus Draht noch ein Schutzgeländer in L-Form.

Bei einer geöffneten Version muss die Säule aus einzelnen Kunststoffplättchen zusammen gesetzt werden; die angedeutete Inneneinrichtung umfasst dann Tankuhr, Pumphebel und Zapfschlauch. Der Phantasie wären kaum Grenzen gesetzt, doch würde das Ganze dann wohl den hier gesteckten Rahmen überschreiten.

Noch einige Sätze zur Farbgebung. Wenn wir uns konkret an das Walsroder Vorbild halten, wählen wir blau als Grundfarbe. In der Epoche 3 war das „Aral-Blau" allerdings dunkler als heute! Die passenden Schilder liegen dem Bausatz bei und können leicht angebracht werden. Der Betonsockel sollte in einem hellen Grauton lackiert werden, wobei Schmutzspuren den realistischen Eindruck weiter verstärken.

## Wagendrehscheibe für die Feldbahn

Bei einfachen Verhältnissen wiesen kurze Feldbahnen keinen Lokomotivbetrieb auf, vielmehr wurden die Loren per Hand bewegt. Entsprechend bescheiden zeigten sich auch die auf das nötigste beschränkten Gleisanlagen; vor allem wurde an Weichen gespart. Um Zweiggleise anzubinden, legte man daher öfters kurze Wagendrehscheiben an, die ebenfalls per Hand bedient wurden. Gleichzeitig boten sie den Vorteil, auch nahezu rechtwinklige Abzweigungen platzsparend anlegen zu können. Die geringen Geschwindigkeiten bei einem Schiebebetrieb fielen wegen der kurzen Entfernungen kaum ins Gewicht – außerdem ließ der Gleiszustand vielfach zu wünschen übrig.

Unter diesen Gesichtspunkten erhielt der Nebenbahnteil auf der Anlage von Peter Werner am äußersten Rand der Ladestraße eine angedeutete Feldbahn mit wenigen Zentimetern H0e-Gleis. Von hinten führt das „Hauptgleis" an eine Kopframpe, wo die Loren in etwas tiefer stehende Lastkraftwagen entleert werden können. Das Gleisende bildet eine kurze Hand-Drehscheibe, da zu entleerende Loren rechtwinklig bereit stehen müssen. Außerdem konnte durch die Drehscheibe ein gleichfalls nahezu im rechten Winkel abzweigender Gleisstutzen als Abstellmöglichkeit vorgehalten werden. So viel zur Enstehungsgeschichte.

Die Drehscheibe selbst besteht aus zwei Teilen: unten der festen Bodenplatte, darüber der mit einem Gleis versehenen kreisrunden Drehbühne. Beide Teile sind lose miteinander verschraubt, so dass eine Drehbewegung möglich ist. Da kein Lokbetrieb stattfindet, sind auch keine elektrischen Anschlüsse der Gleise notwendig.

## Strecken- oder Signalfernsprecher der fünfziger Jahre

Die in frühen DB-Tagen neu aufgestellten Strecken- bzw. Signalfernsprecher unterschieden sich in ihrer Form von der später verwendeten Bauart. So war der Grundriss quadratisch und das Dach leicht abgerundet. Außerdem stand es seitlich nur wenig über das Gehäuse hinaus und bot daher den Benutzern des Fernsprechers kaum Witterungsschutz.

Für die Modellherstellung ist jedoch diese Bauform gut geeignet. Als Basis bieten sich Holzleistchen mit quadratischem Querschnitt an (für H0 beispielsweise 4 mm). Der Rohling wird durch Befeilen oben leicht abgerundet, danach kleben wir dort aus dünner Pappe oder starkem Papier das „Dach" auf. Als Farbe eignet sich ein

**Bahnhofsfernsprecher in Weißenfels**

**Aus Holz gefertigtes Modell des Ferrnspechers**

**Fernsprecher im Bahnhof Steinach (bei Rothenburg o. d. Tauber). Die Befestigung erfolgt hier an einem Leuchtenmast**

mittleres Grau. Zuletzt erhält der Fernsprecher auf der Vorderseite noch die Erkennungstafel, ein schwarzes „F" auf weißem Grund.

Die Befestigung kann auf verschiedene Art erfolgen, so an Pfosten, Leuchtenmasten oder auch an der Wand von Dienstgebäuden.

## „F", „Fo" oder „Signalfernsprecher"?

Wie den gezeigten Bildern zu entnehmen ist, werden Signal- bzw. Streckenfernsprecher bei der DB mit einem schwarzen „F" auf weißer, hoch stehender Rechtecktafel gekennzeichnet. Etwas anders stellten sich hingegen die Bezeichnungen bei der Deutschen Reichsbahn in der DDR dar. Dort unterschied man in der „Fernsprechvorschrift" nach Strecken-, Signal- und Bahnhofsfernsprechleitungen.

Die drei Bezeichnungen in schwarzer Schrift auf den ebenfalls rechteckigen weißen Tafeln lauteten:

Streckenfernsprecher:
**F** (wie bei der DB);
Signalfernsprecher:
**Signalfernsprecher**;
Bahnhofsfernsprecher:
**Fo**

Letztgenannte Fernsprechleitungen verbanden einzelne Dienstposten in einem Bahnhof untereinander, zumeist in Form einer Ringverbindung. Bei Schrankenposten dagegen befand sich an beiden Stirnseiten des Wärtergebäudes je eine deutlich von der Strecke aus erkennbare „F"-Tafel.

## Tunnelportale im Eigenbau

Sicher bietet die Zubehörindustrie Tunnelportale in vielen Maßstäben und Ausführungen an, doch lohnt sich nach wie vor auch ein Selbstbau. Von Vorteil ist hier, dass man die vorhandenen Platzverhältnisse genau berücksichtigen kann – bei Fertigportalen wären mitunter größere Anpassungsarbeiten nötig. Zudem ist auch der Preisaspekt interessant, denn einfache Mauerplatten sind nicht allzu teuer. Das gezeigte Portal von Peter Werner ist für eine doppelgleisige, elektrifizierte Strecke ausgelegt und basiert auf Mauerplatten und Tunnelbogen der Firma Faller (Artikelnummern 1706 bzw. 120550). Da die Platten auf der Rückseite mit Profillinien ähnlich eines Schnittmusterbogens bedruckt

**So könnte eine Tunneleinfahrt mit Mauerplatten und Tunnelbogen von Faller aussehen**

**Foto: Ilona Werner**

**Neigungswechsel: Hinter der Tafel beginnt ein 2,4 Kilometer langer Steigungsabschnitt. Die darunter befindliche Haltetafel markiert außerdem den Haltepunkt für Züge mit 50 Achsen**

sind, hat man schon einen guten Anhaltspunkt für die Größe der Tunnelöffnung. In jedem Fall muss aber noch eine individuelle „Profilprüfung" erfolgen, besonders wenn der Tunneleingang in einer Gleiskrümmung liegt. Dazu testen wir mit unserem längsten vorhandenen Wagen die Profilfreiheit.

Nach Fertigstellung des eigentlichen Portals wenden wir uns dessen oberem Abschluss zu, der wohl bei jeder Anlage anders aussieht. Im gezeigten Fall ist das darüber liegende Gelände felsig und erfordert einen Schutz gegen Steinschlag: Auf der waagerechten Deckplatte wurde aus Sperrholz ein Schutzmäuerchen errichtet, das – so nehmen wir jedenfalls an – zumindest kleinere Steinbrocken aufhält.

## Kennzeichnung von Neigungswechseln

Zu Zeiten des Dampfbetriebes war es für das Lokpersonal nicht unwichtig, Hinweise über größere Steigungs- oder Gefälleabschnitte zu erhalten. Dazu dienten neben den Gleisen spezielle Neigungszeiger bzw. Neigungswechseltafeln, die allerdings – ähnlich wie Kilometersteine – meist keine Signale im eigentlichen Sinn darstellten. Nur bei der DB wurden sie zwischen 1959 und 1972 als Signal Ne 12 geführt. 1972 entfielen sie ersatzlos und wurden sukzessive entfernt – für Diesel- oder Elektrotraktion waren solche Hinweise entbehrlich geworden. Neigungswechsel zeigte man bereits zu Länderbahnzeiten an, wobei sich die Tafeln je nach Bahnverwaltung teilweise erheblich im Aussehen unterschieden. Im Bereich der Preußischen Staatsbahn verwendete man flache weiße Rechtecktafeln – teilweise auch gepfeilt – mit schwarzer Aufschrift der Neigung. Je nach Steigung oder Gefälle zeigten die Tafeln nach oben oder unten. In Bayern und Sachsen wendete man dagegen nahezu quadratische Tafeln an. Auf ihnen konnten drei Symbole vorkommen:

– **Weißes, nach oben zeigendes Dreieck:** Strecke steigt.
– **Weißes, nach unten zeigendes Dreieck:** Strecke fällt.
– **Weißer (Bayern: schwarzer) Querstrich:** Strecke verläuft (nahezu) waagerecht.

Im Dreieck war der Neigungswert vermerkt, darüber in einem weißen Feld die Länge der Steigung bzw. des Gefälles. Während die bayerischen Tafeln eine blaue Grundfarbe besaßen, zeigte sich die der sächsischen Tafeln schwarz.

Nach dem Zweiten Weltkrieg waren die staatlichen Bahnverwaltungen um Vereinfachung vor allem hinsichtlich der individuellen Aufschriften bemüht. Die DB verzichtete generell auf Angabe des Neigungswertes und beschränkte sich auf eine schwarze Keilspitze auf weißem Grund. Die Neigungswechsel mussten dabei mindestens sieben Promille betragen, auf Nebenbahnen wurden die Anzeiger in der Regel nicht angewendet. Bedeutung der Keile:

– **Spitze nach oben:** Steigung;
– **Spitze nach unten:** Gefälle;
– **Spitze nach rechts:** Neigung kleiner als sieben Promille.

Bei Steigungen bzw. Gefällen war deren Länge in schwarzer Schrift auf einem kleinen weißen Zusatzschild unter der quadratischen Tafel (Seitenlänge 355 mm) vermerkt. Alle drei Grundversionen der Tafel wurden ab 1959 als Signal Ne 12 mit der Bedeutung: „Die Streckenneigung ändert sich" geführt.

Bei der DR sah es etwas anders aus. Zwar gab es auch hier drei Tafelarten, doch hatten sie mit 300 mm Kantenlänge etwas geringere Ausmaße als bei der DB. Außerdem war die Grundfarbe schwarz, die Aufstellung erfolgte bereits bei Neigungswechseln über drei Promille. Bedeutung:

- **Weißes Dreieck mit Spitze nach oben:** Steigung.
- **Weißes Dreieck mit Spitze nach unten:** Gefälle.
- **Weißer waagerechter Streifen:** Neigung kleiner als drei Promille.

In den Dreiecken wurde noch der Neigungswert vermerkt (z. B. „4“ für vier Promille).

Auf Anlagen der Epochen 1 bis 3 sollten Neigungszeiger nicht fehlen, zumal sie – abgesehen von der Beschriftung, auf die aber durchaus verzichtet werden kann – leicht selbst anzufertigen sind.

**Vier Neigungswechsel-Tafeln im Maßstab 1:87. Links zwei DB-Signale für Steigung bzw. Gefälle, rechts DR-Tafel für wieder (nahezu) waagerechten Streckenverlauf bzw. Gefälle. Die beiden DB-Signale entstammen dem NMW-Sortiment, die etwas kleineren DR-Tafeln sind Eigenbau**

## Personenwaagen im Bahnhofsbereich

Noch heute stehen auf manchen Bahnhöfen in der Schalterhalle oder außen am Hausbahnsteig alte Personenwaagen mit Münzeinwurf – doch sind sie inzwischen selten geworden.

**Skizze für die Frontansicht der Personenwaage**

Bei diesen Waagen gab es recht unterschiedliche Bauarten – nicht nur deshalb, weil die Geräte verschiedenen Epochen entstammten. Waren Waagen aus der Vorkriegszeit ziemlich wuchtig, baute man danach eher einfachere, leichtere Ausführungen. Eine solche Personenwaage stand beispielsweise noch 1987 im Museum Marxzell an der Albtalbahn bei Karlsruhe.

Für eine Nachbildung im Kleinen findet sich das Baumaterial wieder einmal in der „Krabbelkiste“. Kunststoffprofile bzw. Reste unterschiedlich starker Platten aus Polystyrol bilden die Basis für den eigentlichen Gehäusekörper sowie die Standplatte. Nach einer provisorischen Handzeichnung, dem Originalfoto und einer Miniaturfigur als Größenvergleich konnten die Maße rekonstruiert werden.

Die zurecht gesägten Teile kleben wir aneinander. Für den Haltegriff in der Mitte verwenden wir ein Stück Draht oder – einfacher – 0,5 Millimeter starken Kunststoff. Aus einem

**Personenwaage als Modell im Maßstab 1:87. Ob die Dame mit ihrem Gewicht zufrieden ist?**

**Die Situation in Schöneck im Vogtland am 22. Februar 2003: Links der modernisierte ursprüngliche Hausbahnsteig vor dem Empfangsgebäude, rechts der neue zweite Bahnsteig und eine verglaste Wartehalle. Etwas erhöht dahinter befinden sich die Abfahrtsstellen der Autobusse**

ein Millimeter starken Plastikstück wird die Rückgeld-Entnahme gefertigt: zunächst etwas abgerundet, danach vom Reststück abtrennen und ungefähr mittig auf die Waage kleben.

Bei unserem Original lag der Anzeigemechanismus hinter drei Glasscheiben. Da dies im Modell etwas knifflig darzustellen wäre, verzichten wir darauf. Die Nachbildung der Verglasung kann man aus einem Stück Klarsichtkunststoff herstellen oder einfach mit etwas silberner Farbe absetzen. Um den Münzeinwurf (oben rechts) darzustellen, reicht das Einritzen einer kleinen Kerbe mit einem Reißwerkzeug, den Rest erledigen wir mit schwarzer Farbe. Das Waagengehäuse wird hell-elfenbein gestrichen, der Plattenboden dunkelgrau oder schwarz. Und schon können „unsere Preiserlein" für 'nen Groschen ihr Gewicht überprüfen!

## Beidseitiger Bahnsteig

In manchen, zugegeben seltenen Fällen findet sich beim Großbetrieb ein eingleisiger Haltepunkt, wo das Streckengleis zu beiden Seiten mit einem Bahnsteig versehen ist. Der Grund dafür liegt nicht unbedingt in einem hohen Fahrgastaufkommen, dessen Umfang eine Trennung von Aus- und Einstieg verlangt, sondern in örtlichen Besonderheiten. Betrachten wir als Beispiel den Fall Schöneck im Vogtland.

Diese höchstgelegene vogtländische Stadt besitzt eine Bahnstation an der 1875 eröffneten und heute leider überwiegend stillgelegten Strecke Aue – Schönheide – Muldenberg – Adorf.

Nach Übernahme des Betriebs durch die Vogtlandbahn GmbH im Jahre 1997 wurde der bisherige Bahnhof zu einem Haltepunkt rückgebaut und verlor sämtliche Weichen – es ist seither nur noch das Durchgangsgleis vorhanden. Der Hausbahnsteig am Empfangsgebäude blieb erhalten, doch seit kurzem gibt es auf der anderen Gleisseite einen zweiten Bahnsteig mit zwei Wartehäuschen in moderner Leichtbauweise. Er wurde notwendig, weil auf dieser Seite ein neue Haltestellenanlage für den Omnibusverkehr entstand und ein bequemes und zugleich gefahrloses Umsteigen – das heißt ohne Gleisüberquerung – zwischen Zug und Bus möglich sein sollte.

Auf den Hausbahnsteig konnte man wiederum nicht verzichten, da es von dort über die Bahnhofstraße auf direktem Weg in die Stadt geht.

Für die Modellbahn bietet solch ein „doppelter" Bahnsteig zusätzliche Abwechslung und rechtfertigt es, gegenüber dem Bahnhofsgebäude weitere Wartehallen aufzustellen. Natürlich sollte es sich dabei um eine Anlage modernerer Epochen – etwa ab 1985 – handeln.

## Fahrscheinentwerter am Bahnsteig

Wenn Eisenbahnstrecken in einen Verkehrsverbund integriert sind und dessen Fahrausweissystem Entwerter benötigt, müssen diese auch auf DB-Stationen vorhanden sein – in DB-Zügen selbst besteht ansonsten keine Möglichkeit zum Entwerten. Eine Anfertigung der kleinen Kästchen aus Holz- oder Kunststoffteilen ist gemäß der Abbildung nicht schwer; die Farbgebung kann natürlich regional variieren. Die Originalmaße des gezeigten Entwerters lauten: Höhe 30 Zentimeter, Breite und Tiefe jeweils 15 Zentimeter.

## Signaltafeln auf Abruf

Ein Teil der Eisenbahnsignale ist nicht ortsfest und wird je nach Erfordernis nur für eine begrenzte Zeit aufgestellt. Dabei handelt es sich vor allem um Signaltafeln, die im Zusammenhang mit der Kennzeichnung von temporären Langsamfahrstellen dienen. Da für den Streckenunterhalt die Bahnmeistereien verantwortlich zeichnen, besaß man dort immer eine ganze Reihe entsprechender Signaltafeln. Aus Platzgründen erfolgte deren Vorhaltung überwiegend im Freien, wobei man die Tafeln jedoch gern an eine Gebäudewand lehnte. Das leicht überstehende Dach gewährte so einen gewissen Witterungsschutz.

Unser Beispielfoto entstand im Mai 1991 im Bahnhof Cranzahl im Erzgebirge, unter anderem Ausgangspunkt der Schmalspurstrecke nach Oberwiesenthal.

Im Modell ist solch ein Abstellplatz rasch gebastelt, zumal sich passende Signaltafeln in den Sortimenten mehrerer Modellbahnhersteller finden. Als Ständer sollten allerdings nicht solche genommen werden, die Betonpfosten zum Vorbild haben. Hier wären vielmehr Eisenstangen angebracht, die beispielsweise durch Deko-Nadeln dargestellt werden können.

## Schilderwald am Güterwagen

Die Museumsbahn Schönheide im Erzgebirge richtete an ihrem Betriebsmittelpunkt, dem einstigen Bahnhof Schönheide Mitte, auch ein kleines Museum ein.

**DB-Fahrscheinentwerter links neben dem Automaten**

Dazu gehört unter anderem ein im Freigelände neben dem Lokschuppen aufgestellter gedeckter Güterwagen, den man mit Schildern und Signaltafeln schmückte.

**Am Bahnmeistereigebäude in Cranzahl waren im Frühjahr 1991 viele Signaltafeln gelagert – haben Sie einmal nachgezählt?**

**Ausgeschmückter gedeckter Güterwagen der Museumsbahn Schönheide im dortigen Bahnhof „Mitte“**

Kennen Sie die Bedeutung aller Zeichen?

Die in Bildmitte sichtbare gelbe „Brandfackeltafel“ wurde übrigens nur im Bereich der Deutschen Reichsbahn verwendet (Signal So 10). Sie diente zum Schutz von besonders brandgefährdeten Streckenabschnitten, auf Behelfsbrücken, in Waldstücken oder an Treibstofflagern. Hinter dem Signal durfte der Heizer der Dampflokomotive nicht mehr feuern und hatte den Aschkasten zu schließen. Im Modell können wir einen nicht oder nicht mehr fahrfähigen Güterwagen gleichfalls ausschmücken. Passende Schilder und Tafeln finden sich in den Sortimenten vieler Zubehörhersteller und liegen teilweise sogar Bausatzpackungen mit bei.

## Hauptsignal (fast) im Garten

Eisenbahnsignale auf Privatgrundstücken sind zugegebenermaßen nicht einmal so selten, dienen als netter Blickfang oder drücken ganz einfach die Verbundenheit des Eigentümers mit der Bahn aus. Doch im hier geschilderten Fall zeigen sich die Dinge etwas anders, handelt es sich doch um ein voll in Betrieb befindliches Lichthauptsignal.

Westlich vor den Toren Kölns liegt die Stadt Frechen, seit dem 13. November 1893 durch eine Kleinbahn mit der Rheinmetropole verbunden und vom 1. März 1894 an auch mit dem heute eingemeindeten Benzelrath. Ursprünglich betrieb die Gemeinde Frechen „ihre“ Bahn gemischtspurig: Während der Güterverkehr auf Regelspurgleisen abgewickelt wurde, fuhren die Personenzüge meterspurig.

Das rasch steigende Verkehrsaufkommen führte nach der Jahrhundertwende zu einschneidenden Veränderungen. 1904 ging die Bahn in das Eigentum der Stadt bzw. der Stadtwerke Köln über und ab 1911 erhielt die Strecke zwischen Köln und Frechen eine neue, doppelgleisige Trassierung.

Zum 28. Mai 1913 erfolgte eine Umkonzessionierung von der Klein- zur Nebenbahn und seit dem 20. Februar 1914 wird die nun als „Köln-Frechen-Benzelrather Eisenbahn“ (KFBE) firmierende Bahn elektrisch betrieben. Gleichzeitig entstand zwischen Frechen und Benzelrath eine neue, südlich des Stadtkerns verlaufende Güterstrecke, während die Personenzüge weiterhin die ursprüngliche Verbindung durch das Ortszentrum Frechens nutzten. 1955 wurde die KFBE von den Kölner Verkehrsbetrieben (KVB) übernommen.

Vom Frechener Bahnhof bis Benzelrath ist die „Stadtstrecke“ nach wie vor weitgehend „straßenbahnmäßig“ trassiert, obschon es sich betriebsrechtlich um eine Eisenbahn nach der „Eisenbahn-Bau- und Betriebsordnung“ (EBO) mit entsprechender Signalausstattung handelt. Trotz einer Verlängerung der Doppelspur von Frechen Bahnhof bis zur Haltestelle Friedhof ist der Restabschnitt

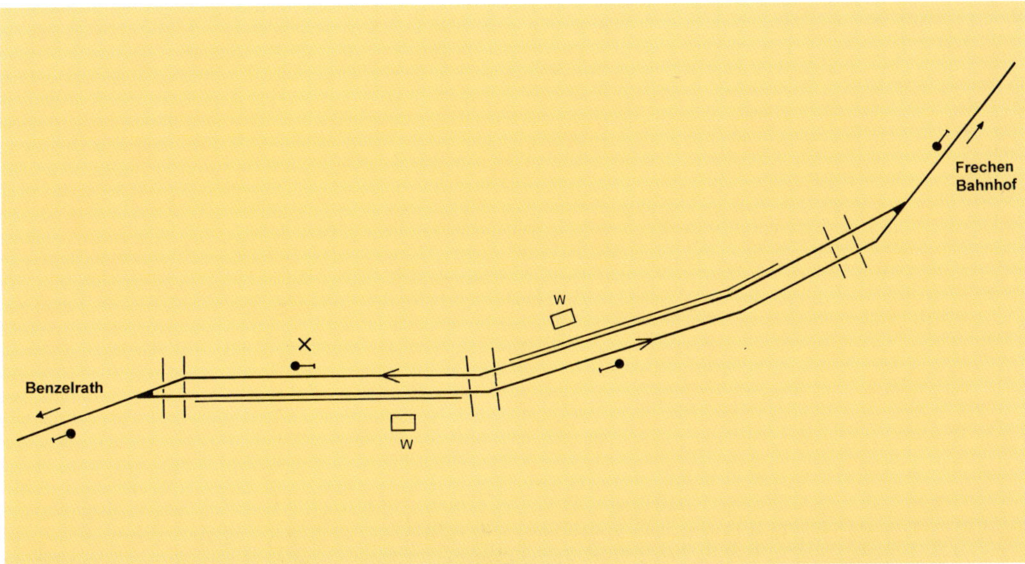


**Spurplan des Bahnhofs Frechen Mühlengasse, Stand Sommer 1999. Das im Text beschriebene Signal ist mit „X" markiert. Trotz des straßenbahnähnlichen Betriebes handelt es sich hier rechtlich um eine Eisenbahn**

nach Benzelrath noch eingleisig mit einer Kreuzungsmöglichkeit in der Mühlengasse. Und hier findet sich besagtes Signalkuriosum!

Um die westliche Haupt- und Dürener Straße folgt die Bahnlinie einige hundert Meter nicht den Straßen, sondern führt zwischen verschiedenen Privatgrundstücken hindurch. Die Ausweiche – nach EBO ein regelrechter Bahnhof – ist aufgrund örtlicher Bedingungen krümmungsreich angelegt; die beiden Hauptgleise mit versetzten Seitenbahnsteigen werden richtungsrein im Rechtsverkehr befahren. Dadurch finden wir neben den beiden Einfahrsignalen nur jeweils ein Ausfahrsignal pro Richtung. Alle Signale sind lediglich zweibegriffig (Hp 0 / Hp 1); „Langsamfahrt" braucht wegen der hier geringen Geschwindigkeiten nicht gesondert signalisiert zu werden.

Das Ausfahrsignal in Richtung Benzelrath befindet sich in einer

**Da der Raum äußerst beengt ist, musste eines der Ausfahrsignale des Bahnhofs Frechen Mühlengasse Privatraum in Anspruch nehmen. Geradezu „modellbahnhaft" wirken auch die deutlich sichtbaren Kabel zum Signal. Würden Sie auf Ihrer Anlage so etwas wagen?**

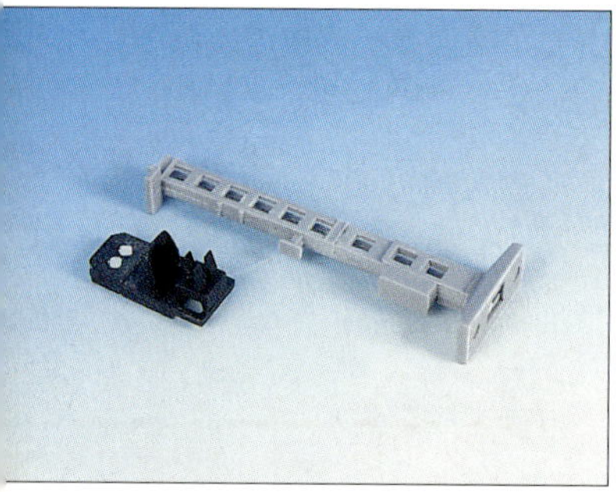

**Nach dem Verkürzen: rechts der Mast, links der Signalschirm. Die beiden weißen Punkte stellen die verspachtelten oberen Öffnungen für die Leuchtdioden dar**

Art Engstelle, da das dortige Nachbargrundstück mit einem Holzzaun auf einem Betonmäuerchen bis hart an die Gleise reicht. Um das Lichtsignal profilfrei aufstellen zu können, musste der Zaun auf die Länge eines Segmentes etwas nach hinten versetzt werden. Die Grundmauer blieb indes in ihrem Verlauf erhalten – der Signalmast wurde einfach auf ihr angebracht. Eine wohl geradezu „modellbahnhafte" Lösung!

Bei der Nachgestaltung ist allerdings zu beachten, dass es im Handel noch keine Lichtsignale mit niedrigerem Signalschirm für lediglich zwei Optiken gibt. Als Ausweg kommt nur in Frage, ein Zwischenblocksignal umzubauen und die Höhe des Signalschirms entsprechend zu kürzen. Vor einiger Zeit bot die Firma Völkner sehr preiswerte H0-Lichtsignalbausätze aus Kunststoff einschließlich Dioden, Widerständen und Beschriftungen an. Für einen Umbau des Signalschirms erscheinen diese nun über die Firma Conrad erhältlichen Modelle gut geeignet. Dem Frechener Vorbild entsprechend wurde der schwarze Lampenschirm in der Mitte getrennt, daran etwa drei Millimeter abgeschnitten und wieder mit Sekundenkleber verbunden. Die beiden oberen Öffnungen für die Leuchtdioden verschließen wir mit passendem Kunststoff-Rundprofil (Firma Evergreen) und verspachtelten sie.

Nach dem Trocknen erfolgt das Schleifen mit feinem Schleifpapier.

Sinngemäß ähnlich wurde mit dem Signalmast verfahren, der ja auch zu kürzen war. Mit einer feinen Säge trennten wir drei Verstrebungen ab und verklebten das Ganze wieder sauber. Zur Erhöhung der Festigkeit dient ein am Mast angeklebter dünner Messingdraht.

Da das Signal lediglich als Attrappe gedacht war, entfielen die elektrischen Anschlüsse. Die beiden eingeklebten Leuchtdioden (links rot, rechts grün) sind funktionslos. Schließlich erfolgte die Lackierung des Signals: Schirm schwarz, Mast grünlich hellgrau. Auf diese Weise konnte auch im Modell ein Lichtsignal auf niedriger Mauer, nahezu im Vorgarten, seinen Platz finden. Selbstverständlich sollte dann ein erhöhter, als Sichtschutz fungierender Zaun ebenfalls nicht fehlen.

**Das Modell in der dem Vorbild sehr nahe kommenden Situation**

## „Mobile" Haltestelle

Jeder kennt die gelb-grünen Schilder bei deutschen Bus- und Straßenbahnhaltestellen. Die H-Tafeln dienen sowohl als Verkehrszeichen gemäß Straßenverkehrsordnung als auch der Fahrgastinformation.

Nicht alltäglich ist hingegen die Verwendung der Schilder als provisorische Kennzeichnung von Haltestellen bei der Eisen-

**Die VW-Draisine (Maßstab 1:87) hält an der provisorischen Zugangsstelle beim Fußwegübergang**

bahn. Ja, ein solcher Halteplatz für Sonderfahrten einer Museumsbahn wies in der Tat ebenfalls einmal eine H-Tafel auf!

Die „Historische Eisenbahn Frankfurt“ führt in der Mainmetropole regelmäßig Museumsfahrten auf der städtischen Hafenbahn durch, wobei zu besonderen Anlässen auch noch andere Fahrzeuge zum Einsatz gelangen: im Jahre 1986 beispielsweise ein auf einem VW-Bus basierender Kleinwagen der DB-Bauart Klv 20. Dieser „Schienenbus“ pendelte damals zwischen zwei „mobilen“ provisorischen Haltestellen am Osthafen zur Freude des Publikums hin und her.

**Anlässlich eines Tages der offenen Tür am 31. August 1986 bei der Frankfurter Hafenbahn fanden auch Publikumsfahrten mit dem VW-Klv 20 statt. Der Halteplatz wurde durch eine von der Straßenbahn her bekannte gelbgrüne H-Tafel markiert**

Ein nachgerüstetes Kibri-Modell der Baugröße Ho

Diese Szene ist mit wenigen Mitteln ins Modell umzusetzen – eine passende Strecke dafür dürfte wohl auf den meisten Anlagen vorhanden sein. Den VW-Bus als Klv 20 gab es im Maßstab 1:87 einmal als Brekina-Sondermodell in einem Bausatz der Firma Faller, daneben fertigte die Firma Wimmer-Modellbau in den achtziger Jahren einen Fahrzeugbausatz aus Zinnguss.

Heute noch ist von SB-Modellbau ein – allerdings nicht ganz billiger – Motorisierungssatz für den Brekina-Bus erhältlich.

Doch dürfte für die Anlagengestaltung auch ein rollfähiges Standmodell seinen Zweck erfüllen, und dieses ist rasch hergestellt. Für den H0-Maßstab wird ein VW-Bus der Bauart T 1 in das typische, von der DB damals verwendete Weinrot umlackiert und mit N-Radsätzen versehen. Passende Haltestellenschilder finden wir in sehr guter Kunststoff-Ausführung im Sortiment der Firma BeKa; das kleine Set beinhaltet bereits fertig bedruckte Tafeln. Wer es noch exklusiver – und teurer – liebt, könnte auch auf die Metallschilder der Firma M. L. Spieth zurück greifen.

Mobile H-Tafeln sind beim Vorbild auf schweren Sockeln befestigt, um die nötige Standsicherheit zu gewährleisten. Dazu nehmen wir für das Modell im Handel erhältliche Autoräder (von Brekina, Herpa oder Wiking) und stecken das Schild einfach in die Bohrung der Felge. Eine kleine Ankunfts- bzw. Abfahrtstafel am Mast vervollständigt unsere Bastelei. Und diese braucht auf der Anlage oder dem Diorama nicht einmal „auf Dauer" installiert zu werden, sondern kann ebenfalls ihre Mobilität unter Beweis stellen.

## Handwagen am Bahnsteig für Gepäck oder Post

Bis hinein in die Epoche 4 gehörten sie auf besetzten Bahnhöfen zum alltäglichen Bild: Handwagen zum Transport von Gepäck und Expressgut zwischen den Zügen und dem Dienstgebäude. Weil kleine Stationen keine Elektrokarren besaßen, mussten diese Wagen von Hand gezogen werden, was durch die kurzen Entfernungen kein Problem darstellte.

Solch bahneigene Handwagen waren meist blau oder blaugrau lackiert – im Gegensatz zu den gelben Wagen der Post. Dort hatte man allerdings den Transport im Nahbereich schon bis Anfang der sechziger Jahre weitgehend auf die Straße verlagert, so dass sich gelbe Handwagen nur auf Anlagen bis einschließlich Epoche 3 zur Ausschmückung eignen.

Sehen wir von aufwändigen Kleinserienmodellen ab, eignen sich die Bahnsteigwagen der Firma Kibri gut für unsere Zwecke. Die Modelle sind sowohl in Baugröße H0 (Art.-Nr. 9560) als auch N (Art.-Nr. 7530) erhältlich. Aus Kostengründen handelt es sich jeweils um einfarbige Spritzlinge (gelb oder blau). Vor allem durch ein wenig Farbe lässt sich der optische Eindruck der Wagen aber rasch verbessern:

Zuerst streichen wir die Reifen in einem matten Schwarzton, dann folgt die farbliche Hervorhebung der Ladefläche in Grau. Das i-Tüpfelchen für den Wagen bilden schließlich einige Gepäckstücke, die es als Zubehör von mehreren Firmen gibt.
Wenn wir die Kunststoffteile lediglich mit einem kleine Tropfen Alleskleber fixieren, können wir sie später sogar problemlos wieder entfernen und gegen andere austauschen.

**Die einstige Bahnlinie nach Demantsfürth-Uehlfeld in Neustadt (Aisch), einen Kilometer von dessen Bahnhof entfernt (Aufnahme: Mai 1999)**

## Abgebaute Bahnlinie

Sie erwecken – verständlicherweise – in Eisenbahnfreunden wehmütige Gefühle, doch stellen sie besonders seit Ende der fünfziger Jahre eine weit verbreitete Erscheinung dar: leere Schotterbetten und Bahndämme von abgebauten Strecken.
Und da die Modellbahn auch nicht immer nur die „heile" Welt zeigen sollte, kann man sich durchaus auch ein ehemaliges Streckenstück auf einer Anlagenecke vorstellen. Dann bietet es sich natürlich an, nicht nur einige Reste des Gleisschotters darzustellen, sondern zusätzlich einige beim Abbau offenbar vergessene und eisenbahntypische, dabei lebendige Details wie Kilometersteine und dergleichen einzuplanen.
Unser Beispiel zeigt ein kleines Stillleben an der einstigen Stichstrecke Neustadt (Aisch) – Demantsfürth-Uehlfeld in Mittelfranken. Sie verlor ihren Betrieb in zwei Etappen (Personenverkehr Mai 1976, Güterverkehr September 1993) und wurde anschließend weitgehend demontiert. 1999 konnte man indes etwa im Stadtgebiet von Neustadt noch teilweise die alte Trasse deutlich ausmachen. Bei Streckenkilometer 1,0 baute die damalige Deutsche Bundesbahn zwar das Einfahrsignal ab, ließ aber das zierliche Schutzgeländer ebenso wie den Kilometerstein stehen.
Die Teile zum Nachbau finden sich bestimmt in der Bastelkiste, und zur Not kann der Kilometerstein auch aus Holz oder Kunststoff gefertigt werden.
Ansonsten gibt es derartige Streckenzeichen in den Sortimenten der Zubehörindustrie, etwa der Firmen Auhagen oder Vollmer.

# Räder und

# Schienen

Kosak/Archiv GN

Auf einem nicht mehr benutzten Gleis der Zuckerfabrik Ochsenfurt stand noch im Frühjahr 2003 dieser alte Kleinwagen. Die Natur hat sich im Laufe der Jahre ihr Terrain zurück erobert

## Normalspuriger Kleinwagen

Für kurze innerbetriebliche Transportvorgänge verwendete man in Privatanschlüssen oder Bahnmeistereien früher oft im Eigenbau entstandene sogenannte Kleinwagen. Diese Zweiachser wiesen lediglich eine Plattform auf und wurden von Hand bewegt. Eine Umsetzung ins Modell ist nicht schwer.

Wir benötigen für das Untergestell einen zweiachsigen Güterwagen einer kleineren Maßstabsstufe – etwa N bei der Grundgröße H0 oder Z bei TT. Der Rahmen wird nach Herausnehmen der Radsätze in der Länge mittig durchgesägt und entsprechend verbreitert. Als „Bohlenbelag" der Ladeplattform fungiert Pappe oder dünnes Sperrholz, wo sich leicht Bretterfugen einritzen lassen. Anschließend erfolgt ein „Spurwechsel" bei den Radsätzen, indem wir die vorhanden Räder auf eine breitere, für unseren Grundmaßstab passende Achse aufziehen. Der Fahrzeugrahmen erhält einen matten Anstrich – in der Regel zwar schwarz, doch auf unserem Vorbildfoto waren die vier Träger auch rot lackiert –, während der Holzbelag graubraun eingefärbt wird.

Ein solcher Kleinwagen dürfte sich auf der Anlage gut am Ende eines Nebengleises zwischen einer mobilen rot-weißen Schutzhalttafel Sh 2 und dem Prellbock machen.

## Schmalspurwagen von der Waterkant

Die 1888 in Betrieb genommene Borkumer Inselbahn besitzt die recht ausgefallene Spurweite von 900 Millimetern und wies lange Zeit einen interessanten Fahrzeugpark auf: Durch die relativ geringe Zahl von Wagen gleichen Typs ergab sich eine beachtliche Vielfalt, vor allem im Güterwagenpark. Eines dieser Fahrzeuge mit der Nummer 11

Der Borkumer „Kanonenwagen" als Hoe-Modell. Die Seitenpuffer sind für Borkumer Schienenfahrzeuge durchaus korrekt

stellte einen kurzen Flachwagen dar, der sich durch seine einfache Bauart auch gut als Vorbild für einen schmalspurigen Werkswagen eignet.
Das Vorbildfahrzeug hatte eine bewegte Vergangenheit: 1912 als Geschütztransportwagen für das Militär gebaut, wurde er nach dem Ersten Weltkrieg überflüssig und 1928 von der Reichswehr an die Borkumer Kleinbahn abgegeben. Der Wagen besaß keine Bremse und war über Puffer – Borkumer Fahrzeuge besaßen solche! – nur 4,1 Meter lang; der Achsstand betrug 1,7 Meter.
In Anlehnung an den Borkumer Güterwagen 11 entstand für die Baugröße H0e – d.h. mit einer Spurweite von neun Millimetern – ein Flachwagen auf der Basis handelsüblichen N-Materials. Von einem zweiachsigen N-Güterwagen, vorzugsweise aus den preiswerteren „Anfänger"-Serien, entfernen wir Aufbau und Bremsklötze und bringen die Rahmenlänge auf das gewünschte Maß von 38 Millimetern. Der Wagenboden erhält einen „Holzbelag" aus dünnem Karton, die Breite misst für H0(e) 15,5 Millimeter. Anstrich: Fahrgestell und Rahmen mattschwarz, die Ladefläche schmutzig graubraun. Für andere Baugrößen würden Grundmodelle wie folgt benötigt:

**0:** H0;
**TT:** Z;
**N, Z:** (keine Großserienmodelle verfügbar).

**Unser Schienen-Büssing schräg von hinten: Ein zwar nicht unbedingt schöner, aber doch interessanter Rücken!**

## Lkw auf Schienen

Auf einem alten Foto, das vermutlich während der Zeit des Zweiten Weltkriegs entstanden ist, war ein Lastkraftwagen abgebildet, dem man Schienenradsätze verpasst hatte und der sich dadurch zum Verschub von Güterwagen eignete. Wenn auch eine Nachbildung des Gefährtes mit funktionsfähigem Antrieb den Rahmen einer Kleinbastelei sprengt und schon einigen Aufwand erfordern dürfte, sieht es bei einem funktionslosen Modell anders aus. Also frisch ans Werk!
Ausgangspunkt ist ein Lkw-Modell mit langer Motorhaube im Stil der vierziger Jahre. Als dieser Miniatur-Schienenlastwagen entstand, gab es im Handel von der Firma Wiking einen stilistisch passenden Büssing 8000. Dieser befindet sich inzwischen nicht mehr im Lieferprogramm, doch eignet sich das nun erhältliche Nachfolgermodell gleichermaßen für den Umbau.
Als erstes lösen wir vorsichtig (!) Führerhaus und Ladepritsche vom Fahrzeugrahmen und entfernen dort Achsen und Räder. Für die Schienenradsätze eignen sich solche der Nenngröße H0 mit elf Millimetern Durchmesser. Da die Wagenachsen stärker als die des Autos sind, müssen wir die Lagerungen im Rahmen etwas erweitern bzw. aufbohren. Unter Umständen sind auch noch Schleifarbeiten am Rahmen und den Schutzblechen notwendig, damit die Schienenradsätze gut hinein passen. Zuletzt wird der Rahmen hinten so weit gekürzt, dass die Ladefläche etwa zwei Millimeter darüber hinaus ragt.

**Ein „Hingucker“ auf jeder Anlage: Lkw auf Schienen**

In der Bastelkiste haben wir von Lkw-Bausätzen der Firma Kibri sicher noch lose Felgen übrig; diese kleben wir noch außen auf die Schienenräder. Jetzt kann bereits die Grundlackierung erfolgen – wir wählten für den Rahmen einen mittleren Rotton. Räder und Felgen werden schwarz gestrichen. In dieser Farbe lackieren wir auch Pritsche und Fahrerhaus.

Ist alles gut getrocknet, kleben wir das Gehäuse auf das Fahrgestell. Was fehlt, sind noch die bahntypischen Zug- und Stoßvorrichtungen. Von einem ausgemusterten Güterwagenmodell entfernen wir die Pufferbohlen und bringen sie auf eine Breite von 27 Millimetern. Bei vorsichtigem Arbeiten können wir auch jene Puffer weiter verwenden. Die vordere Pufferbohle wird dabei auf die Stoßstange unmittelbar vor die Lampen geklebt, die hintere an das Fahrgestell-Ende hart unter die Ladepritsche. Die künftige Farbgebung der Pufferbohle ist wiederum rot, die der Puffer schwarz. Zwei entsprechende Kupplungshaken müssen wir allerdings im Fachhandel als Zurüstteil erwerben – eine Eigenfertigung lohnt hier sicher nicht. Jetzt fehlen nur noch die beiden Frontlampen aus Kunststoffresten über der Pufferbohle entsprechend der Abbildung.

## Schienentraktor

Nein, hier ist keine kleine Rangierlok gemeint, die man unter anderem in der Schweiz als „Traktor“ bezeichnen würde, sondern ganz konkret ein für Schienenbetrieb umgebauter Schlepper. Firmen mit Anschlussgleisen verwendeten namentlich in den Epochen 2 und 3 mitunter solche selbst umgebauten Fahrzeuge. Wenn der Betrieb nicht allzu stark war, genügten solche „Schienentraktoren“ über kurze Strecken durchaus den Anforderungen. Im Modell wäre eine motorisierte Ausführung natürlich sehr schwierig, doch ist auch der

**Vergleich: Auf dem Gleis der selbst gebaute Schienentraktor, links daneben steht der Ursprung seines Umbaus, ein Lanz-Bulldog aus dem Sortiment der Firma Wiking**

Bau einer bloßen Attrappe reizvoll. Jedenfalls war ein solch kurioses Gefährt, ein umgebauter Lanz-Traktor, vor vielen Jahren einmal in einer Kleinbahnzeitschrift abgebildet und reizte sofort zum Nachbau.

Da es von Wiking ein Modell des Bulldogs gibt (Artikelnummer 880), waren beim Bau keine größeren Schwierigkeiten zu erwarten. Allerdings schien das Schwarzweißfoto als Vorlage qualitativ nicht sehr gut. Daher fertigte ich erst eine Fahrzeugskizze an, um stimmige Proportionen zu erhalten. Und dann ging es an die eigentliche Bastelarbeit!

**Zum Beweis, dass es derartige Fahrzeuge wirklich gab: Die Maschinenfabrik Fischer in Burgkunstadt verwendete auf ihrem Anschlussgleis einen „urig“ wirkenden Schienentraktor (Aufnahme vom Sommer 1985)**

**Schematische Anordnung der Halteklötze für den Transport einer Straßenwalze auf einem Eisenbahnwagen**

Zunächst zerlegen wir den Lanz vorsichtig in seine Bestandteile. Die neuen Rahmenteile entstehen gemäß der Abbildung aus Kunststoff – notfalls kann jedoch auch Holz verwendet werden. Zur Gewinnung der Radlager eignen sich H0e-Feldbahnloren von Roco, auch die kleinen Räder stammen von dort. Lediglich die H0-Achsen für die Spurweite von 16,5 Millimetern sind aus Stahldraht neu anzufertigen.

Die Radlager kleben wir an die beiden unteren Rahmenbalken. Wenn alles einschließlich der Achsen symmetrisch zueinander passt, nicht klemmt und gut auf einem H0-Gleis rollt, kann der restliche Rahmenaufbau montiert werden. In diesen passen wir den Motorblock – mit der Aussparung für den Fahrer – ein.

Soweit auf dem Foto erkennbar, hatte das Original nur an der Vorderseite einen erhöhten Balken, auf dem kurze Eisenbahnpuffer montiert waren. Hinten gab es vermutlich nichts zum Anhängen oder Ziehen; es scheint sich also um ein Verschiebefahrzeug im wahrsten Sinne des Wortes gehandelt zu haben. Brauchbare Modellpuffer finden sich eigentlich in jeder Bastelkiste und sind schnell aufgeklebt.

Als Lackierung wählte ich, da ja aus dem Foto nichts hervor ging, einen für Lanz-Schlepper typischen Grünton. Ein passendes Typenschild wurde damals ausnahmsweise einem etwas teueren Messing-Ätzsatz entnommen und an der Frontpartie des Wiking-Modells angebracht. Inzwischen kann man jedoch auch auf einen Kibri-Bausatz des Lanz-Bulldogs zurück greifen, der ebenfalls Klebeschilder enthält. Abschließende Arbeiten sind die Erhöhung des Auspuffs durch ein Stück Rundmetall und ein Fahrersitz; ein Lenkrad ist bei einem Schienenfahrzeug ja nicht notwendig.

Nun kann das gute Stück auf einem Anschlussgleis platziert werden. Und wer weiß, vielleicht bringt es ein angetriebener „Geisterwagen" ja sogar zum laufen?

## Bahntransport einer Straßenwalze

Früher gar nicht so selten waren Transporte von schweren, langsamen Straßenfahrzeugen per Eisenbahn, und zumindest für Anlagen der Epochen 2 oder 3 sollten auch wir zumindest einen derartig beladenen Güterwagen einsetzen. Dazu benötigen wir nicht einmal einen Spezialwagen – ein einfacher Rungenwagen dürfte in vielen Fällen ausreichend sein.

Bei uns stand die Beförderung einer H0-Straßenwalze (altes Wiking-Modell) an. Als geeignetes Transportmittel kam ein Roco-Rungenwagen älteren Konstruktionsdatums in Frage. Um die Walze auf der Ladefläche zu sichern, sind entsprechende Unterlegklötze – rasch aus Holz gefertigt – notwendig. Wegen der charakteristischen Räderanordnung bei einer Straßenwalze müssen folgende Min-

**Diese Walze nimmt für ihren Transport keinen allgemeinen Straßenraum in Anspruch, sondern benutzt den Schienenweg. Der Wagen stammt von Roco; Hersteller der Straßenwalze ist die Firma Wiking**

destanforderungen erfüllt sein: Absicherung der starren Hinterräder vorn und hinten, der beweglichen Walze vorn und seitlich.

Die Höhe der Klötze hängt auch mit vom Durchmesser der zu sichernden Räder ab. So genügen beispielsweise für die bewegliche vordere Walze im Maßstab 1:87 niedrige Balken aus Streichhölzern, während die Hinterräder schon drei Millimeter starkes Sperrholz erfordern. Die genaue Anordnung der Klötze auf der Ladefläche hängt vom jeweiligen zu transportierenden Fahrzeug ab und wird am besten direkt ermittelt. Selbstverständlich muss das Transportgut ungefähr mittig auf dem Eisenbahnwagen stehen. Durch einige Tropfen Alleskleber fixieren wir die Holzklötzchen, wobei im Bedarfsfall auch ein nahezu rückstandsfreies Wiederablösen von der Ladefläche möglich ist.

# *Spezial:* Kleinere

# Bahnübergänge

Auch wenn diese Szene einen „großen“ Bahnübergang zeigt, so verdeutlich sie, wie reizvoll das Thema gestaltet werden kann
Kosak/Archiv GN

Obschon die verschiedenen Eisenbahnunternehmen seit Jahren daran arbeiten, niveaugleiche Bahnübergänge durch Über- oder Unterführungen zu ersetzen bzw. bei geringer Bedeutung völlig aufzulassen, trifft man diese Schnittpunkte zwischen Schiene und Straße noch immer häufig an. In diesem Kapitel soll nun aber nicht die Rede von „größeren" Bahnübergängen sein, sondern von solchen, die quasi eine Stufe darunter stehen. Sicher wird eine solchen Einordnung fließend sein. Um trotzdem eine Abgrenzung zu erreichen, wählten wir die straßenseitigen Kriterien „nicht motorisierter Verkehr" und „nicht öffentlicher Verkehr" aus. Wir werden uns also mit Bahnübergängen beschäftigen, die zumindest eine jener Eigenschaften aufweisen.

## Zuvor ein wenig Theorie

Nach einer amtlichen Definition der DB aus den siebziger Jahren sind Bahnübergänge „höhengleiche Kreuzungen der Eisenbahn mit Straßen, Wegen und Plätzen". Nicht zu Bahnübergängen gerechnet werden Übergänge, die nur dem innerdienstlichen Verkehr dienen – etwa Bohlenübergänge innerhalb von Bahnhöfen. Selbstverständlich zählen für die Bahn auch „wilde" Trampelpfade über Gleise, wie sie namentlich auf untergeordneten Strecken noch anzutreffen sein mögen, nicht zu Bahnübergängen.

Grundsätzlich ist jeder Bahnübergang gesichert. Diese für Außenstehende zunächst verwirrende Feststellung erklärt sich dadurch, dass unter „Sicherung" nicht nur technische Mittel wie Schranken oder Blinklichter verstanden werden, sondern auch akustische Signale der Schienenfahrzeuge und Übersicht auf die Bahnstrecke seitens der Straßenverkehrsteilnehmer.

Diese „einfachste" Möglichkeit ist nur bei Nebenbahnen zulässig, wenn die Wegbenutzer nach beiden Seiten ausreichende Sicht auf die Bahnstrecke haben und umgekehrt auch der Triebfahrzeugführer den Bahnübergang, abhängig von seiner Geschwindigkeit, gut einsehen kann. Ist dies nicht der Fall, müssen vom Schienenfahrzeug zumindest akustische Signale gegeben werden. Übersteigt die durchschnittliche tägliche Frequenz den Bahnübergang querender Kraftfahrzeuge die Zahl 100, sind ausreichende Sicht und akustische Signale Pflicht.

**Interessante Kombination von Anrufschranke und Drehkreuz aus Luxemburg an der „Nordstreck" zwischen Troisvierges/Elwen und Bellain/Be'esleck (August 1988). Für den geringen Anliegerverkehr mit Kraftfahrzeugen genügt die Anrufschranke, während Fußgänger oder Radfahrer durch die Drehkreuze passieren können**

## Drehkreuze

Ausschließlich für Fußgänger vorgesehene Bahnübergänge sind häufig mit Drehkreuzen

**Eine Regionalbahn (Garnitur der Baureihe 614) aus Cadolzburg nähert sich im Januar 2003 dem Haltepunkt Zirndorf-Kneippallee, an dessen Westseite sich dieser Bahnübergang mit Leitgeländern befindet. Passanten werden durch die Gitteranordnung von einem direkten Überqueren der Gleise abgehalten**

versehen. Mit ihrer Hilfe werden „gedankenlose“ Gleisüberquerungen erschwert – man muss zwangsläufig erst vor den Gleisen nach links und rechts schauen.

Selbstverständlich haben Drehkreuze nur Sinn, wenn unmittelbar neben ihnen ein Betreten des Bahnkörpers nicht möglich ist, etwa durch Geländer, Zäune oder niedrige, dichte Hecken.

Von der Modellbahnindustrie werden Drehkreuze als Zubehör von Bahnübergängen angeboten; ein Selbstbau der Kreuze

**Die Situation aus anderem Blickwinkel. Bemerkenswert ist die breite Ausführung der befestigten Zugangswege – ein Zeichen dafür, dass der Übergang in dieser Form erst vor einigen Jahren neu entstand**

**Leitgeländer am KVG-Bahnsteig des Bahnhofs Kahl am Main. Der Zugang zum breiten Inselbahnsteig der Kahlgrundbahn erfolgt zwar vom Bahnhofsgebäude aus durch einen Fußgängertunnel, jedoch gibt es einen weiteren Weg mit niveaugleicher Kreuzung des östlichsten Gleises. Da dort nur wenig Züge verkehren, ist diese Sicherung ausreichend**

lohnt also kaum. Dafür können Sie ihre Kreativität bei der Gestaltung des Umfeldes beweisen. Geländer- oder Zaunteile finden sich bestimmt in der Bastelkiste.

Eine interessante Kombination von Drehkreuz und Schranke findet sich bisweilen an Bahnübergängen mit Anrufschranken. Diese sind im Normalzustand geschlossen und werden nur auf Anforderung geöffnet, wenn die Strecke frei ist. Um aber Fußgängern Anrufe zu ersparen, können direkt neben den Schranken Drehkreuze eingebaut sein.

## Übergänge mit Leitgeländern

Drehkreuze sind mit Fahrrädern oder auch Kinderwagen nicht einfach zu passieren. Aus diesem Grund suchte man für Überwege, die auch von Radfahrern benutzt werden dürfen, nach anderen Lösungen in Form von Leitgeländern. Sie erfüllen prinzipiell denselben Zweck wie Drehkreuze und zwingen überquerende Personen durch zwangsläufige Richtungsänderungen zum Schauen zumindest in eine Richtung des Gleises. Die Skizze gibt eine Anregung zum Aufstellen der Leitgeländer.

**Im Modell könnte ein kleiner Übergang auf diese Weise mit Leitgeländern versehen werden. Die Geländer stammen hier von der Firma Vollmer und wurden farblich nachbehandelt. Da der Weg laut Verkehrszeichen nur Fußgängern dient, ist hier auch kein kein Warnkreuz notwendig**

Im Modell sind passende „Rohlinge“ von mehreren Firmen – etwa Auhagen, Faller, Kibri oder Vollmer – erhältlich. Nach dem Zuschneiden färben wir die Geländer weiß ein und versehen sie nach dem Trocknen der neuen Grundfarbe mit roten Warnstreifen. Die untere waagerechte Querstrebe des Geländers braucht allerdings nicht unbedingt mit Rot nachbehandelt zu werden – wichtig ist dies für die obere Querstrebe und die senkrechten Geländerteile.

**Leitgeländer an einem Fußwegübergang im Frankfurter Osthafen. Der von einer V 36 geführte Sonderzug verkehrte am 5. Mai 1985 anlässlich eines Tages der offenen Tür**

## Wegdecke am Bahnübergang

Hier bieten sich, völlig vorbildgerecht, viele Möglichkeiten. Angefangen von bloßer festgestampfter Erde reicht die Spannweite über Holzbohlen zu Teer- oder Betonbelägen. Bei der Modellgestaltung ist vor allem auf ein klemmfreies Rollen der Eisenbahnfahrzeuge durch die Rille zwischen Schiene und Fahrbahnbelag zu achten; in Gleisbögen wird eine Verbreiterung der Rille nötig sein. Ein oft vergessenes Detail ist das schräge Auflaufstück in Gleismitte, wenn der Fahrbahnbelag scharfkantig abschließt. Ein solches Auflaufstück dient beim Vorbild zum Schutz eventuell von den Schienenfahrzeugen herabhängender Bremsschläuche oder Kupplungsteile. Bei einem flachen seitlichen „Aus-

**So könnten Leitgeländer an einem kleinen Bahnübergang angeordnet werden. Wichtig ist, dass Passanten gezwungen werden, ihre Gehrichtung zu ändern und damit den Blick auf beide Seiten der Strecke zu werfen**

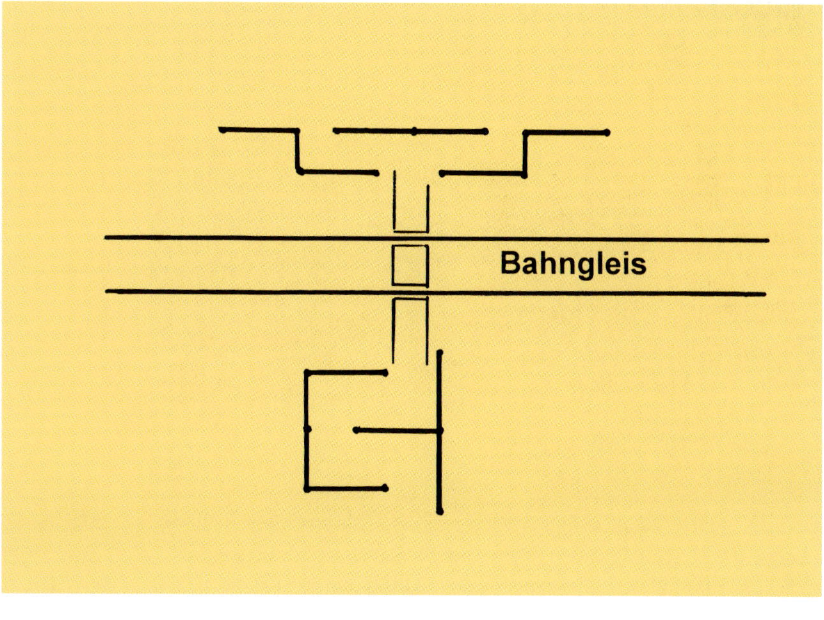

**Dieser Bohlenüberweg im Bahnhof Hungen besitzt seitlich schräge Auflaufstücke zum Schutz eventuell herabhängender Bremsschläuche oder Kupplungsteile. Die Aufnahme entstand im April 1986**

**Einfacher geht es kaum: lediglich festgestampfte Erde an diesem Feldwegübergang bei Gaukönigshofen (Mai 1985). Die Bahnlinie führte einst von Ochsenfurt nach Weikersheim und besteht heute leider nicht mehr**

laufen" des Fahrbahnbelags sind selbstverständlich keine besonderen Auflaufstücke notwendig. Die Nachbildung von Auflaufstücken stößt bei Mittelleitergleisen jedoch auf Schwierigkeiten, da die Punktkontakte frei bleiben müssen.

## Signale an technisch nicht gesicherten Übergängen

Hier handelt es sich um Läute- oder Pfeiftafeln, die Art und Umfang der akustischen Signale anordnen.

Grundsätzlich stand bzw. steht bei den deutschen Bahnver-

Dies ist kein „klassischer" Bahnübergang, sondern der Zugang zum Bahnsteig für die Museumszüge der „Eisenbahnfreunde Wetterau" im Bahnhof Münzenberg der „Butzbach-Licher Eisenbahn" (BLE). Der Überweg ist breit und geteert, wiederum mit abgeschrägten Seitenkanten (September 1983)

waltungen seit 1935 der große Druckbuchstabe P für „Pfeifen" und L für „Läuten". Im Laufe der Zeit gab es jedoch bei Bundes- und Reichsbahn einige auch für die Anlagengestaltung relevante Unterschiede bei der Aufstellung der Tafeln, diese werden hier vorgestellt.

### a) DB 1959 bis 1972

**Signal LP 1 – Pfeiftafel**

Bedeutung: Das Achtung-Signal (ein mäßig langer Ton) ist zu geben.

Signal: Eine rechteckige weiße Tafel mit schwarzem P.

Die Pfeiftafel durfte nach jener Regelung vor Bahnübergängen ohne Blinklichter, Schranken, Drehkreuze oder sonstige Abschlüsse nicht allein aufgestellt werden, sondern musste stets mit der Läutetafel (LP 2) kombiniert sein.

**Signal LP 2 – Läutetafel**

Bedeutung: Es ist zu läuten.

Signal: Eine rechteckige weiße Tafel mit schwarzem L.

Die Läutetafel befand sich vor Bahnübergängen ohne technische Sicherung. Ab der Tafel musste der Triebfahrzeugführer

Anhänger des Mittelleitersystems haben es beim Bau von Übergängen schwerer Foto: Ilona Werner

**Typisch für DB-Nebenstrecken der Epoche 3 war die Läute- und Pfeiftafel LP 3, wie sie diese 1969 bei Naila entstandene Aufnahme zeigt. Knapp zwei Jahre später wurde die LP 3-Tafel aus dem Signalbuch gestrichen**

**Wiederholungszeichen über einer Pfeiftafel in der Haltestelle Melkendorf (ehemalige Strecke Kulmbach – Thurnau)**

so lange läuten, bis die Zugspitze den Bahnübergang passiert hatte. Die Läutetafel konnte mit dem Wiederholungszeichen (siehe weiter unten) versehen sein.

### Signal LP 3 – Läute- und Pfeiftafel

Bedeutung: Es ist zu läuten und das Achtung-Signal zu geben.
Signal: Eine rechteckige weiße Tafel mit den schwarzen Buchstaben LP.
Diese LP-Tafel stellte in der Epoche 3, wenn man so will, das „Standardsignal“ vor technisch ungesicherten Bahnübergängen an Nebenstrecken dar und konnte ebenso mit dem Wiedeholungszeichen versehen sein.

### Wiederholungszeichen

Wenn zwischen der Tafel LP 2 oder LP 3 und dem dazu gehörigen Bahnübergang Züge planmäßig hielten (Haltepunkt, Haltestelle, Bahnhof), wurde die Tafel hinter dem Halteplatz des Zuges wiederholt. Die vor dem Halteplatz stehende Tafel erhielt dann oben eine liegende weiße Rechteck-Tafel mit zwei senkrechten schwarzen Streifen und galt lediglich für Züge, die vor dem Bahnübergang nicht hielten.

### Signal LP 4 – Durchläutebeginntafel

Bedeutung: Es ist bis zur Durchläuteendtafel (LP 5) zu läuten.
Signal: Zwei Läutetafeln (LP 2) senkrecht übereinander.
Die Durchläutebeginntafel wurde verwendet, wenn mehrere technisch nicht gesicherte Bahnübergänge in kurzen Abständen einander folgten. Lag zwischen der LP 4-Tafel und einem dazu gehörigen Bahnübergang ein regulärer Haltepunkt, musste hinter diesem eine weitere Durchläutebeginntafel aufgestellt werden.

### Signal LP 5 – Durchläuteendtafel

Bedeutung: Das Läuten ist einzustellen.
Signal: Eine rechteckige weiße Tafel mit durchgestrichenem L.
Die LP 5-Tafel markierte das Ende der durch die Durchläutebeginntafel angeordneten Läutestrecke. Bis 1959 bestand die Durchläuteendtafel übrigens aus zwei nebeneinander stehenden weißen Tafeln mit schwarzem E.

Die Abstände der Signaltafeln zum Bahnübergang oder Gefahrenpunkt betrugen je nach örtlichen Gegebenheiten zwischen 100 und 350 Meter – eine Entfernung, die sich maßstäblich verkleinert wohl auf kaum einer Modellbahnanlage darstellen lässt. Kompromisse sind hier unumgänglich, doch sollte man im Kleinen schon auf einen gewissen Mindestabstand achten.

## b) DB ab 1972

Bei einer Überarbeitung des Signalbuches gab es im Mai 1972 vor allem bei den Läute- und Pfeifsignalen erhebliche Änderungen. Sie wurden als eigene Kategorie „LP-Signale" aufgelöst und gingen teilweise in die neu geschaffene Kategorie „Bü-Signale" über. Hintergrund war vor allem der künftige Entfall der Läutewerke bei DB-Triebfahrzeugen. Im Zuge des zunehmenden Verkehrslärms sah man das „Bimmeln" als kaum noch wirksam an und regelte dafür die Pfeifsignalisierung neu.

### Signal Bü 4 – Pfeiftafel

Bedeutung: Etwa drei Sekunden lang pfeifen.

Signal: Eine rechteckige weiße Tafel mit schwarzem P oder eine rechteckige schwarze Tafel mit weißem Rand und weißem P.

Die Pfeiftafel steht in der Regel – d.h., es kann Ausnahmen geben! – rechts vom zugehörigen Gleis. Vor Bahnübergängen mit öffentlichem Fahrzeugverkehr befinden sich normalerweise zwei aufeinander folgende Tafeln, vor Bahnübergängen von Feldwegen oder ohne öffentlichen Verkehr genügt eine Pfeiftafel. Nötigenfalls ist die Pfeiftafel rückstrahlend oder sogar beleuchtet. Auf Nebenstrecken wird vor Bahnübergängen in der Regel die weiße Tafel verwendet.

Die Tafel Bü 4 kann mit dem Wiederholungszeichen versehen sein.

### Signal Bü 5 – Läutetafel

Bedeutung: Es ist zu läuten.

Signal: Eine rechteckige weiße Tafel mit schwarzem L.

Die Läutetafel kann vor Bahnübergängen ohne allgemeinen Kraftfahrzeugverkehr stehen, wird aber von der DB selbst nicht verwendet. Wenn Sie die L-Tafel also auf einer Anlage der Epochen 4 oder 5 aufstellen, müsste es sich um die Strecke einer nicht-bundeseigenen Bahn (NE-Bahn) handeln. Ansonsten gelten die Ausführungen zur „alten" Tafel LP 2.

**Aussehen der Durchläuteendtafel**

Seit Mai 1972 nicht mehr verwendet werden die bisherigen Signale LP 3 bis LP 5.

**Da der Feldwegübergang, den der Schienenbus (Baureihe 798) gerade passiert, nur sehr geringen Verkehr aufwies, genügte hier eine einzige Pfeiftafel. Das Bild entstand am 1. Mai 1983 bei Konheim auf der Strecke Dollnstein – Rennertshofen, heute ist die Bahn abgebaut**

**Bahnübergang östlich von Melkendorf bei Kulmbach im März 1982. Die kreuzende Straße dient dem allgemeinen Verkehr, folglich mussten zwei aufeinander folgende Pfeiftafeln aufgestellt werden**

### c) DR 1959 bis 1971

**Signal Pl 2 – Pfeiftafel vor Wegübergang**

Bedeutung: Zweimal pfeifen.

Signal: Zwei rechteckige weiße Tafeln mit schwarzem P senkrecht übereinander.

In der Anordnung – mindestens 100 m vor dem Bahnübergang – entsprach diese Pfeiftafel weitgehend der DB-Tafel LP 1. Ebenso konnte das schon erwähnte Wiederholungszeichen vorhanden sein.

**DR-Pfeiftafel Pf 2 im Sommer 1992 im Bahnhof Lauterbach auf Rügen**

**Signal Pl 3 – Durchläutebeginntafel**

Bedeutung: Es ist zweimal zu pfeifen und bis zur Durchläuteendtafel (Pl 4) zu läuten.

Signal: Zwei senkrecht übereinander stehende weiße Tafeln mit schwarzem L und links neben der oberen eine weiße Tafel mit schwarzem P.

Das Signal stellte in etwa eine Kombination der Bundesbahn-Signale LP 3 und LP 4 dar.

Die bei der DB bis 1972 verwendete Läute- und Pfeiftafel LP 3 kam bei der Deutschen Reichsbahn schon seit 1959 nicht mehr vor.

**Signal Pl 4 – Durchläuteendtafel**

Bedeutung: Läuten einstellen.

Signal: Zwei nebeneinander stehende rechteckige weiße Tafeln mit schwarzem E.

Die Bedeutung entsprach der der DB-Tafel LP 5; bis 1959 sah ja das betreffende DB-Signal ebenso aus.

### d) DR ab 1971

Auch die DR ließ an ihren Triebfahrzeugen die Läutewerke entfernen – im Unterschied zur DB jedoch schon 1971, aber nicht bei Schmalspurloks! So kam es bei den Läute- und Pfeifsignalen zu einer besonderen Regelung:

– Ab 1971 wurde das Signal Pl 2 als Pf 2 bezeichnet.

– Die Signale Pl 3 und Pl 4 traten zwar außer Kraft, behielten aber auf Schmalspurstrecken weiter Gültigkeit.

### Signaltafeln im Modell

Seit Jahren bietet die Zubehörindustrie – beispielsweise die Firmen Auhagen, Brawa, oder NMW – ein breites Sortiment an Signaltafeln an. Zudem ist die eigene Anfertigung der hier beschriebenen Tafeln mit Ausnahme des DB-Signals LP 5 nicht schwierig. Ein Stück dünner weißer Karton wird entsprechend beschriftet, auf der Rückseite schwarz eingefärbt und an einem Metall- oder Kunststoffstäbchen befestigt.

Die Originalgröße der einzelnen Tafeln beträgt/betrug bei DB und DR in der Regel 300 x 500 mm oder 350 x 500 mm.

## Verkehrszeichen an „kleinen" Bahnübergängen

Natürlich sind die bekannten Warnkreuze, die Straßenverkehrsteilnehmern den Vorrang von Schienenfahrzeugen signalisieren, gewissermaßen die Standard-Verkehrszeichen an Bahnübergängen. In manchen Fällen kann aber darauf verzichtet werden. So benötigen reine Fußgängerüberwege in der Regel keine Warnkreuze. Weiterhin gibt es bei Nebenbahnen noch immer kreuzende Privatwege ohne öffentlichen Verkehr. Schienenseitig werden diese Übergänge durch bloße Sicht gesichert und auch straßenseitig sind dort oft keine Warnkreuze

Zwei in geringem Abstand aufeinander folgende Pfeiftafeln Pf 2 in Pirna Süd (April 1995)

Die Durchläutebeginntafel Pl 3 hat bei Schmalspurbahnen noch Gültigkeit (Sommer 1997, Bertsdorf)

vorhanden. An ihrer Stelle stehen dann kleine Schilder, deren rechteckige weiße Tafel die Aufschrift „Privatwegübergang – Überquerung für Nichtberechtigte verboten" trägt. Ein Überqueren der Gleise erfolgt dann auf eigene Gefahr.

Warnkreuze haben für Straßenverkehrsteilnehmer zwar die gleiche Bedeutung wie das Zeichen „Vorfahrt gewähren", doch werden sie nicht selten fälschlicherweise als bloßes Hinweiszeichen gedeutet. Viele Unfälle entstanden und entstehen auf Grund dieser Missachtung! Daher entschlossen sich manche Staaten, an wenig benutzten oder sehr unübersichtlichen Bahnübergängen den Straßenverkehrsteilnehmern vor dem Übergang grundsätzlich ein Anhalten zu gebieten. In diesen Fällen wurde bzw. wird das Warnkreuz mit einem zusätzlichen „Stop"-Schild versehen. In der früheren DDR oder in Österreich beispielsweise machte man mit dieser Regelung recht gute Erfahrungen. Warum nicht auch bei uns im Modell?

Parade von Signaltafeln im Maßstab 1:87. Von links nach rechts: Läutetafel Bü 5; Pfeiftafel Bü 4; Läute- und Pfeiftafel LP 3; DR-Pfeiftafel Pl bzw. Pf 2; DR-Durchläutebeginntafel Pl 3; DR-Durchläuteendtafel Pl 4

# Auf und am Rand

# der Straße

Kosak/Archiv GN

**Drei verschiedene stumme Zeitungsverkäufer in einem Fußgängerbereich am Südausgang des Nürnberger U-Bahnhofs Aufseßplatz**

## Stumme Zeitungsverkäufer

In größeren Städten werden Tageszeitungen zusätzlich durch die sogenannten stummen Zeitungsverkäufer angeboten – eine Art von Automat also. Prinzipell bestehen diese aus dem eigentlichen Zeitungsbehälter mit großer Frontklappe und dem aufgesetzten kleinen Kasten für den Geldeinwurf. Die Maße schwanken je nach Zeitung, ebenso die Farbgebung des Behälters. Dessen Nachbildung erfolgt zweckmäßigerweise aus Holz oder Kunststoff, während wir für den Einwurfkasten ein entsprechend zurecht gefeiltes Plastikstück verwenden.

Die Vorbild-Ausmaße des blaugrauen „NN"- bzw. roten „Abendzeitung"-Behälters aus unserem Beispiel: Der eigentliche Kasten ist 50 Zentimeter breit, 42 Zentimeter tief und 92 Zentimeter hoch, der Einwurfbehälter für das Geld misst 20 x 20 x 30 Zentimeter.

Gut macht es sich im Modell, wenn zwei oder drei stumme Zeitungsverkäufer unterschiedlicher Verlage an einem gut frequentierten Platz stehen, etwa an einer Bus- bzw. Straßenbahnhaltestelle, in Fußgängerzonen oder am Bahnhofsvorplatz.

## Sammelbehälter für Altkleider

Neben den Behältern für Altpapier oder Altglas gehören spätestens seit den achtziger Jahren auch Altkleider-Container zum gewohnten Bild in unseren Städten. Wegen der Form der Behälter – ebene Seiten- und Deckflächen – eignen sie sich gut zum Nachbau aus Pappe, Holz oder Kunststoff. Für die Front mit ihrer Einwurfsklappe bietet sich Holz an, da auf diese Weise die meist leicht zurück gesetzte Klappe problemlos zu modellieren ist: Öffnung aussägen, die Ränder gegebenenfalls schräg abfeilen und dann hinten mit Karton verschließen. Es ist jedoch möglich, auch die Vorderseite aus Pappe herzustellen. Dann müsste der Eindruck einer zurück gesetzten Klappe mit einem kleinen „Rahmen" aus Holz bzw. Plaste angedeutet werden, der hinten mit Karton verschlossen ist.

Der gesamte Behälter ruht auf vier niedrigen Metallbügeln; im Modell könnte man ebenso gut Holzbohlen vorsehen.

Weiter sei noch eine etwas andere Behälterart vorgestellt, die sich besonders in der Dachform – kein Pultdach – von der ersten Version unterscheidet und einen quadratischen Grundriss aufweist. Die ungefähren Maße der Behälter können den im Maßstab 1:87 gehaltenen Skizzen (Seite 54) entnommen werden.

Der Sammelbehälter als noch unbeschriftetes Ho-Modell

Altkleider-Sammelbehälter neben Containern für Altglas. Die Lackierung ist bereits recht lädiert, zudem werden die Seitenflächen gern zum wilden Plakatieren hergenommen – auch so etwas reizt zum Nachbau

Altkleidercontainer mit quadratischem Grundriss und seitlich doppelt abgeschrägtem Dach

## Achtung: Eingeschränkte Durchfahrtshöhe

Wenn man mit dem Pkw unterwegs ist und nicht gerade Fahrräder auf dem Dachständer transportiert, braucht man sich um das Vorschriftszeichen 265 („Verbot für Fahrzeuge über angegebene Höhe") keine Gedanken zu machen. Ob es nun dieses „private" Unterbewusstsein ist, das Lkw-Fahrer dazu verleitet, mit dem „Brummi" das genannte Verkehrszeichen zu ignorieren, sei dahin gestellt – jedenfalls gibt es Unterführungen, bei denen in schöner Regelmäßigkeit Lastwagen mit hoher Ladung steckenbleiben. Offensichtlich reicht dann in solchen Fällen eine normale Beschilderung nicht aus!

Vor diesem Hintergrund ist unser Beispiel aus Nürnberg zu sehen. Dort unterquert am Finkenbrunn eine Einfallstraße etliche DB-Gleise des Rangierbahnhofs, um dahinter sofort anzusteigen und die Ausfahrgruppe zu überqueren. Die Unterführung ist recht niedrig und bogenförmig ausgeführt, d.h. die maximale Durchfahrhöhe von 3,8 Metern gilt lediglich für die Fahrbahnmitte. Außerdem sind hier zwei Straßenbahngleise verlegt, deren Oberleitung bei zu hohen Lkw-Ladungen ebenfalls in Mitleidenschaft gezogen wird. An den Rändern der Fahrbahn sinkt die lichte Höhe auf nur noch 3,2 Meter.

Daher entschied man sich vor nicht allzu langer Zeit zu einer aufwändigen Lösung. Abgesehen von einer durchgängigen rot-weißen Warnmarkierung der Kante des Brückenbogens ließ die Stadt über dessen höchste Stelle eine auffällige weiße Tafel montieren. Sie enthält das

Vorschriftszeichen 265, zwei deutliche Warnblitze vor elektrischen Leitungen und zwei große Warnlichter. Diese sind mit einer Art Sensor gekoppelt und treten bei Überschreiten der maximalen lichten Durchfahrthöhe in Aktion, so dass im Normalfall der betreffende Lastwagen noch rechtzeitig zum Stehen gebracht werden kann.
Im Modell entfiele zwar diese Funktion, doch könnte man als Gag durchaus richtige Blinkleuchten anstatt Attrappen vorsehen und manuell steuern – eventuell sogar in Verbindung mit einem akustischen Signal. Ansonsten ist die Tafel mit den Warnschildern rasch selbst hergestellt, wobei die Elektro-Warnblitze natürlich nur benötigt werden, wenn auch eine Straßenbahn die Unterführung durchquert.
Es bietet sich an, die Zeichen als Schiebebild oder vom Ausschneidebogen auf einem weißen Stück Karton anzubringen und danach die Lichtsignale anzukleben.
Wenn sie nicht funktionsfähig sein müssen, können sie durch Ampel-Attrappen entstehen, etwa solchen aus der Kibri- Packung 8102 (H0).

## Verkehrszeichen mit Warnblinkleuchte

Die im Kapitel „Um Haus und Garten" erwähnten Warnblinkleuchten können wir auch noch für einen anderen Zweck verwenden: als Zusatz bei Verkehrszeichen. Wenn ein bloßes Schild nicht immer ausreichend erscheint, wird eine daran angebrachte Blinkleuchte die Aufmerksamkeit der Verkehrsteilnehmer erhöhen und damit für mehr Sicherheit auf der Straße sorgen.
In unserem konkreten Fall aus der Nürnberger Innenstadt bildet die dortige Wache 3 der Berufsfeuerwehr am Jakobsplatz den Hintergrund der speziellen Signalisierung. Zwar handelt es sich um keine Straße mit Durchgangsverkehr, doch ist sie nicht allzu übersichtlich. Daher sind nicht nur die Ausfahrttore der

**Zwei Sammelbehälter im Maßstab 1:87. Oben der hellgrüne Behälter (v. l. n. r. Frontansicht, Seitenansicht, Rückseite, Deckel), darunter sein symmetrisches Pendant (v. l. n. r. Vorderseite, Seitenansicht, Deckel)**

Die Vorbildsituation in Nürnberg in der Julius-Loßmann-Straße; die Unterführung trägt den sinnigen Spitznamen „Mausloch“. Darüber führen Gütergleise des Rangierbahnhofs

Die Vorbildsituation an der Feuerwache 3 in Nürnberg. Offensichtlich wurde die Warnblinkleuchte erst nachträglich angebracht. Genau genommen genügt das Schild an sich den Vorschriften, doch in diesem Fall galt der Grundsatz: Sicher ist sicher

Feuerwache sind mit orangen Warnblinkleuchten gesichert, sondern auch das davor aufgestellte Warnzeichen.

Die Übertragung ins Modell erfolgt wiederum mit Hilfe der von Miniaturautos bekannten Warnleuchten-Attrappen. Der Leuchtkörper wird – gegebenenfalls zusätzlich orange eingefärbt – auf den weißen Haltering geklebt, der wiederum oben am Mast des Verkehrsschildes zu befestigen ist. Besonders geeignet sind daher Verkehrszeichen (zum Beispiel von der Firma Preiser), bei denen Mast und Tafel von Haus aus getrennte Teile darstellen.

Das Modell der Schildertafel mit Ampel-Attrappen

Im Modell diente ein Preiser-Verkehrsschild als Basis für die umgefärbte Herpa-Blinkleuchte

## Einfache Poller

Über die Schönheit von Pollern ließe sich wohl trefflich diskutieren, doch sind sie seit Jahren nicht mehr aus unseren Straßenbildern wegzudenken. Ohne derartige Steine oder Pfähle würden aber mit Sicherheit mehr Gehwege ö. ä. zugeparkt werden! Da dies vermutlich auch in gleichem Maße für die Miniaturstadt gilt, müssten wir dort ähnliche Maßnahmen ergreifen.

Wenn wir Steine anstatt Pfähle möchten, kommen eigentlich nur eckige Ausführungen in Frage, denn schon fünf oder

Zwei Poller im Maßstab 1:87. Aus Holz eine schnelle Bastelei, die graue Farbgebung täuscht den Beton des Originals vor

sechs Poller in gleichmäßig abgerundeter Form zu basteln, ist nicht jedermanns Sache. Aber glücklicherweise gibt es auch beim Vorbild relativ einfache eckige Poller, die sich auch in größerer Anzahl leicht aus Holz oder Kunststoff nachbilden lassen.

In Nürnberg finden sich in der Frankenstraße vor dem ehemaligen MAN-Werk einige Poller, deren Grundform ein Würfel mit 42 Zentimetern Kantenlänge ist. Alle acht Ecken sind leicht abgeschrägt. Hergestellt wurden sie aus Beton.

Die beschriebenen Poller an der Frankenstraße in Nürnberg

**Der Abhang an dieser Ho-Straße ist durch Begrenzungssteine und dazwischen eingezogene Schienenprofile gesichert** **Foto: Ilona Werner**

Die Poller sind nicht unmittelbar auf dem Boden befestigt – man „schob" einen niedrigen Sockel ein.

Im Modell sind derartige Poller aus Vierkanthölzern (H0 zum Beispiel 5 x 5, für TT 4 x 4 Millimeter) abgesägt. Mit einer Feile werden die Ecken abgeschrägt, dann kleben wir als Sockel ein kleines Stück dünnen Kartons auf die Unterseite. Nach dem Streichen mit mattgrauer Farbe haben wir die „Beton-Poller" vollendet.

## Straßenbegrenzung mit Steinen und Stahlschienen

In den Epochen 2 und 3 waren Straßenbegrenzungen mit quaderförmigen Steinen weit verbreitet; vereinzelt hielten sie sich sogar bis in Epoche 4. An besonders gefährlichen Stellen, etwa steilen Abhängen, verband man die einzelnen Begrenzungssteine zusätzlich durch eine Stahlschiene oder einen Stahlträger und schuf dadurch eine Art Geländer.

Im Modell ist diese Begrenzung rasch gebastelt. In die aus quadratischen Holzprofilen abgelängten „Steine" werden jeweils zwei kleine Löcher für das Schienenprofil oder die Stange gebohrt.

Kantenlängen der Holzprofile für verschiedene Baugrößen:

**H0:** 4 mm,
**TT:** 3 mm,
**N:** 2 mm,
**Z:** 1,5 mm.

## Alter Kilometerstein

Mit etwas Glück kann man sie heute noch außerhalb von Ortschaften am Straßenrand sehen: alte hohe Kilometersteine, auf denen im oberen – ursprünglich weiß grundierten – Teil die Entfernungen zu einigen Städten vermerkt waren. Durch Straßenausbauten verschwanden viele dieser Steine, doch ab und an beließ man sie, aus Sicher-

**Zwei alte Kilometersteine:**
**links in der Rothenburger Straße in Nürnberg,**
**rechts an der B 85 nahe der Anschlussstelle Kulmbach**

**Der Verkaufskiosk hinter dem Bahnhofsgelände wird von den Bewohnern des Städtchens gut angenommen!** **Foto: Ilona Werner**

heitsgründen etwas abseits des Straßenrandes platziert, als Blickfang. Der Querschnitt solcher Steine konnte quadratisch oder kreisförmig sein, nach oben verjüngte sich die Form leicht. Einen solch alten Stein zeigen unsere Fotos (vorige Seite).
Die Nachbildung könnte durch Rundhölzer erfolgen (Durchmesser für Baugröße H0 ungefähr fünf Millimeter), wobei auf die Verjüngung wohl getrost zu verzichten wäre.

## Verkaufskiosk

Auf den ersten Blick scheint dieser mittelgroße Verkaufskiosk keine Besonderheiten aufzuweisen – diese liegen vielmehr im Bau verborgen: Der Kiosk entstand weitgehend aus von anderen Modellbausätzen übrig gebliebenen Teilen.
Die erheblichen Kosten für den Formenbau bei Großserien-Kunststoffbausätzen bedingen hohe Absatzzahlen des Produktes, bis es sich betriebswirtschaftlich rechnet. Daher sind die Hersteller bestrebt, eine Reihe von Spritzlingen so zu entwickeln, dass sie sich nicht nur für ein einziges Modell eignen. Als Folge finden sich somit in zahlreichen Packungen zusätzliche Teile, die für den betreffenden Bausatz nicht benötigt werden. Wegen der zumindest für die Baugrößen von H0 bis Z nur wenig ins Gewicht fallenden reinen Materialkosten wäre ein Anpassen der Spritzlinge auf die tatsächlich benötigten Teile teurer als die „Beigabe“. Für Modellbauer ist diese Gepflogenheit ebenfalls begrüßenswert, denn so füllt sich die viel zitierte Bastelkiste rasch mit Teilen, die bei eigenen Projekten gute Dienste leisten können.
Nicht anders erging es vor Jahren Peter Werner. Aus Bausätzen – vor allem der Firmen Kibri und Vollmer – war einiges an Teilen übrig geblieben – zu schade für ein bloßes Schlummern in der Bastelkiste! Nach einer genaueren Sichtung schälte sich der Bau eines mittelgroßen Kiosks heraus. Bis auf das aus mit Schleifpapier bezogener Pappe entstandene Flachdach handelt es sich durchweg um „Restteile“. Die geraden Formen des Kiosks werden durch Plakattafeln und Reklameschilder wirkungsvoll und vorbildgerecht aufgelockert – und außer dem Bastelspaß hat man sogar noch Geld gespart.

## Wegen Urlaub geschlossen

Nein, hier soll nicht die traurige Realität aus wirtschaftlichen oder auch persönlichen Gründen aufgegebener Geschäfte ins Modell übertragen werden, sondern deren befristete Schließung wegen Urlaubs. Während im Sommer die Inhaber mancher kleiner Geschäfte oder Kioske einige Wochen Urlaub machen, trifft dies in den Wintermonaten vor allem für Eisdielen zu. Im Kleinen können wir den betreffenden Menschen durchaus auch eine längere verdiente Freizeit gönnen: Schaufenster von Geschäften werden durch Papier von hinten verschlossen und ein kleiner weißer Zettel kann symbolisch auf die befristete Schließung hinweisen. Eisdielen dienen während ihrer „Auszeit“ nicht selten anderen

**Diese Eisdiele diente während der Winterpause einem benachbarten Waffengeschäft als zusätzliches Reklamefenster**

**Das Eiscafé „Roberto" in Nürnberg-Herpersdorf hatte im Winter lediglich „normal" geschlossen – Vorhänge reichen dazu aus**

Geschäften als Werberäume. Dann könnte entweder das Schaufenster normal dekoriert oder verhängt und mit Reklamehinweisen versehen werden. Entsprechende Aufschriften finden sich als Basis bestimmt in vielen Bastelkisten oder Zeitschriften und brauchen in der Regel nur wenig nachbearbeitet zu werden. Wenn die Gebäude leicht vom Boden abnehmbar sind, wäre sogar eine echt saisonale Ausrichtung des Schaufensters ohne größere Mühe möglich.

## Alles für bloße Straßennamen?

Normalerweise stellen Straßennamensschilder bloße Informationsmittel dar, sind sachlich-schlicht ausgeführt und unterscheiden sich nur wenig in den verschiedenen Orten. Auf der Modellbahnanlage können wir entweder solche Schildchen der Zubehörindustrie (z.B. der Fa. Busch) verwenden oder, wenn wegen der Entfernung vom Be-

**Die Inhaberin des kleinen Kurzwarengeschäftes (Baugröße TT) ging, wie die Aushänge im Schaufenster und in der Tür mitteilen, für zwei Wochen in den wohlverdienten Urlaub**

**Ansicht des Straßenkennzeichens im Maßstab 1:87**

trachter ein Lesen der Schrift nicht unbedingt nötig erscheint, auch zur Selbstanfertigung schreiten.

Es gibt indes auch Fälle, wo Straßen sehr aufwändig bezeichnet werden und die betreffenden Zeichen – von Schildern wagt man kaum noch zu sprechen – durchaus kleine Plastiken darstellen können. Ein derartiges Beispiel existiert in der Nürnberger „Planetensiedlung" westlich des Messegeländes. Der Name bedingt nun Straßennamen nach Himmelskörpern, als da wären: Sonnenstraße, Planetenring, Marsweg, Jupiterwinkel, Saturnweg, Neptunweg und schließlich auch „Im Erdwinkel". Die aus Beton gefertigten Ständer sind im typischen Stil der frühen sechziger Jahre gehalten und besitzen nur wenig waage- oder senkrechte Achsen. Die meisten Kanten verlaufen schräg, was trotz der Massivbauweise eine gewisse Dynamik vermittelt.

Bei genauerem Hinsehen treten noch mehr Details zu Tage: Die

**Straßenschild vom Neptunweg. Bildsymbol und Straßenname sind aus Mosaiksteinchen zusammengesetzt**

Buchstaben der Straßennamen auf einem wuchtigen Querblock bestehen aus kleinen Mosaiksteinchen; das gleiche gilt für die farbigen Symbole in der darunter liegenden Fläche. Und um alles noch etwas komplizierter zu machen, nimmt die Stärke der Betonteile von unten nach oben etwas ab.

Eine Nachbildung erfolgt am besten aus Holz. Dabei muss zumindest in den Maßstäben von H0 an abwärts die Änderung der Materialstärke nicht berücksichtigt werden. Für den Maßstab 1:87 dürfte wohl für den eigentlichen „Ständer" ein Millimeter starkes Holz ausreichen, der Querbalken für den Straßennamen könnte dann aus einem 1,5 Millimeter starken Vierkantholz entstehen.

Gut wirkt es natürlich, wenn mehrere dieser „Schilder" das Straßenbild beleben. Mit einer Vorbildhöhe von 2,4 Metern bilden sie nicht nur im Großen einen ungewöhnlichen Blickfang!

## Verschiedene kleine Brunnen

Vielerorts – lassen wir einmal Großstädte außer Acht – treffen wir auf kleine Brunnen verschiedenster Ausführungen. Die Spanne reicht von recht einfachen Steintrögen bis zu Bauten mit liebevoll geformten Verzierungen, und selbst an Bahnhöfen waren solche Brunnen nicht selten zu finden.

Im Modell können wir diese zumindest bis hinab zur Baugröße TT ohne besonderen Aufwand nachbilden; für N oder Z wird es allerdings schon etwas diffiziler. Als Grundmaterial dienen wiederum Kunststoffreste oder Holzleistchen. Je nach Wunsch lassen sich die Ausmaße variieren. Für den Maßstab 1:87 könnte der stehende „Korpus" etwa einen Grundriss von vier mal vier Millimetern bei einer Höhe von 15 Millimetern aufweisen.

Beim Wasserbecken sind der Phantasie kaum Grenzen gesetzt. Einen Trog mit Hohlraum setzen wir vielleicht aus fünf Kunststoffplättchen mit den Maßen 20 mal sechs Millimeter zusammen. Damit man den Trog etwas abrunden und eine gewisse Steinstruktur nachbilden kann, sollte die Stärke für H0 nicht weniger als zwei Millimeter betragen. Die Farbgebung

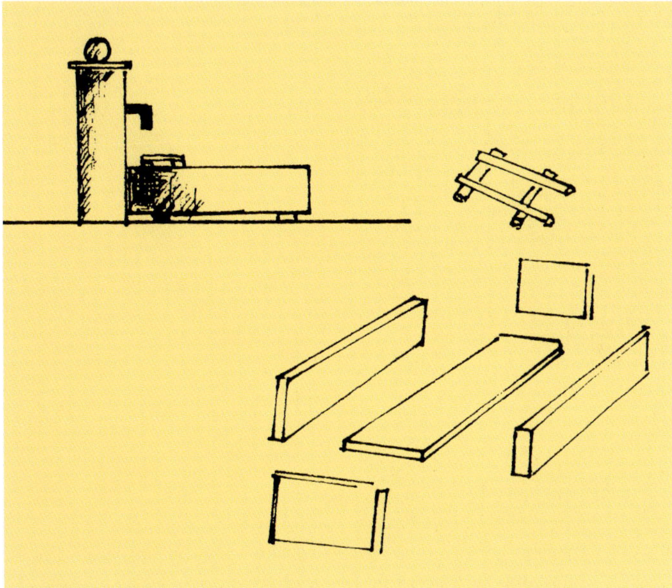

Unmaßstäbliche Skizze für einen kleinen Brunnen mit Wassertrog

Nürnberg-Kornburg: Der Kasten besitzt zwei Auslaufrohre und jeweils dazu einen Pumpenhebel

kann von Rotbraun (Sandstein) bis zu einem hellen Steingrau schwanken.

Eine weitere Brunnenvariante entstand unter Verwendung eines Kunststoffrohres der Firma Plastruct. Wir sägten dazu ein ungefähr sechs Millimeter langes Stück ab und verschlossen es unten mit dünner Pappe. Der „Wasserhahn" besteht in allen Fällen aus Messingdraht.

Übrigens dürfte sich solch ein Brunnen nicht nur in Ortsbereichen, sondern auch auf Bauernhöfen oder in größeren

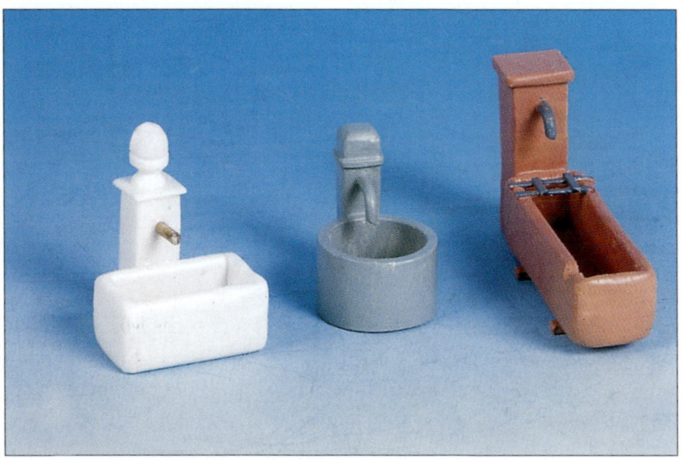

Drei kleine Brunnen (Maßstab 1:87) unterschiedlicher Bauart, noch vor der endgültigen Farbbehandlung

Auf dem Grundstück eines früheren Bauernhofs überlebte diese Brunnenpumpe als Blickfang

Gärten gut machen – gegebenenfalls sogar „ausgedient" und mit schmuckvoller Blumenpracht versehen.

Ehemaliger Trinkwasserbrunnen 1996 auf einem Bahnsteig im Bahnhof Bad Salzungen. Allerdings war zum Zeitpunkt der Aufnahme schon lange kein Wasser mehr durch den Hahn geflossen ...

Zwei Ho-Hydranten von Auhagen: Links in unbehandelter Form, daneben mit Bemalung

## Bunte Hydranten

Hydranten sind zwar rein technische Einrichtungen, bei denen es weniger auf Schönheit denn auf Zweckmäßigkeit ankommt, aber ähnlich wie bei Schaltkästen finden wir dort manchmal ansprechende bunte Bemalungen.

So widmete sich etwa im mittelfränkischen Dietenhofen ein im Ruhestand lebender Bürger mit Zustimmung des Wasserversorgungsunternehmens den Hydranten und versah viele von ihnen mit phantasievollen Bemalungen:
Sie erhielten Gesichter nebst Kleidung. Wenn auch eine de-

Gegen die Langeweile: Zwei der zahlreichen bunt gestalteten Hydranten in Dietenhofen

Warum nicht farbig? Hydrant mit rot-weißem Markierungsring

**Die geschilderte Telefonzelle in Amberg im Sommer 2002**

taillierte Bemalung von Modell-Hydranten – etwa in H0-Ausschmückungspackungen der Firmen Auhagen, Faller oder Kibri erhältlich – wegen ihrer „Größe“ an Grenzen stößt, machen sich doch einige zusätzliche Farbtupfer auf den Hydranten gut.

## Kirchenflaggen

Zu besonderen kirchlichen Feiertagen wie Ostern oder Weihnachten wird den Gotteshäusern Flaggenschmuck angelegt. Dabei ist die Fahne der evangelischen Kirche weiß mit violettem Kreuz, während an den römisch-katholischen Kirchen die gelb-weiße Fahne weht.

Die Flaggen werden entweder an der Kirche selbst gehisst – dann meist am Turm –, oder es befinden sich separate Fahnenmasten auf dem Kirchengelände.

## Telefonzelle in der Mauer

Wenn auch öffentliche Telefone in vielerlei Form angelegt sein können, fällt die nachfolgend vorgestellte Form doch etwas aus dem Rahmen: „doppelt gemoppelt“ wäre vielleicht ein salopper Ausdruck dafür.

Einerseits ist es sicher nicht allzu selten, eine Telefonzelle in einer Mauer zu integrieren, aber andererseits wäre es dann wohl der Normalfall, den eigentlichen Fernsprechautomaten direkt in der Nische anzubringen. In unserem Beispiel aus dem oberpfälzischen Amberg hingegen stellte die damalige Bundespost eine komplette Telefonzelle in eine genau passende Nische.

Diese befindet sich vor dem Bahnhof unterhalb einer Hauptstraße, die auch durch einen Fußgängertunnel gequert wird. Die freie Seite des Straßenkomplexes fällt dort senkrecht ab und ist mit hellen Steinen verkleidet. Für die Anlagen- oder Dioramengestaltung bildet eine solche Vorbildsituation eine Platz und Geld sparende Möglichkeit!

Es ist nicht unbedingt nötig, als Bausatz eine Telefonzelle zu er-

**So könnte eine Übertragung der Mauer-Telefonzelle ins Modell (Maßstab 1:87) aussehen: Links eine fertige handelsübliche Ho-Telefonzelle, rechts eine nur entsprechend eingefärbte Klarsichtfolie**

**Ansicht der Bastelstudie von hinten: Bei der (fertigen) linken Zelle ist entsprechend deren Ausmaß ein Kartonmantel notwendig, während die Tiefe rechts nur etwa einen halben Zentimeter beträgt**

werben, denn wir bilden von dieser lediglich die Türe nach. Dazu setzen wir hinter die aus der Maueröffnung geschnittene Öffnung einen passend zugeschnittenen Kartoneinsatz. Die Vorderseite, die nahezu bündig mit der Mauser abschließt, entsteht aus einem Cellonstreifen (etwa vorhanden in der Verpackung von Hemden oder auch ein Filmrest), der mit gelb eingefärbtem Papier als Rahmen versehen wird. Ob die Inneneinrichtung der Zelle angedeutet werden braucht, muss im Einzelfall entschieden werden – meist ist es darin ohnehin zu dunkel.

Für fortgeschrittenere Bastlerinnen und Bastler könnte allerdings eine beleuchtete Telefonzelle reizvoll sein. Dann sollte jedoch der innere Einsatz nicht aus Pappe, sondern aus Sperrholz bestehen und tatsächlich an der Rückseite einen Miniatur-Telefonautomaten aufweisen. Die Beleuchtung erfolgt zweckmäßigerweise von oben – in der Mauer gibt es dafür ja reichlich Platz.

## Einfassungsmauer mit Sitzgelegenheit

Autofreie Plätze oder Fußgängerzonen werden häufig durch kleine Grünbereiche aufgelockert, die wiederum von niedrigen Mauern eingefasst werden. Manchmal sind die Mäuerchen auch mit zusätzlichen Auflagebrettern versehen, um mit geringem Aufwand Sitzgelegenheiten zu schaffen. Warum sollten wir es im Kleinen nicht ebenso halten?

Die Mauern entstehen aus entsprechend zurecht gesägten Holzstückchen. Soll es eine bloße „Betonmauer" sein, genügt danach ein hellgrauer Anstrich mit Plaka- oder Deckfarbe – an-

Auf dem Würzburger Marktplatz: Die rückwärtige Mauer verläuft wegen des dahinter befindlichen Treppenabgangs im Bogen. Zur Auflockerung wurden die Seitenmauern mit Pflastersteinen verkleidet

dernfalls käme noch ein Bekleben mit Mauerpapier dazu. Die Sitzbretter fertigt man aus dünnem Sperrholz, stärkerer Pappe oder Plastestreifen und färbt sie in einem bräunlichen Ton ein. Besonders gut wirkt es, wenn der kleine Pflanzenbereich eine unregelmäßige Form aufweist. Im Bildbeispiel aus Würzburg

Im N-Sortiment 320292 („Stapelbretter") von Pola enthaltene Teile eignen sich bestens für Sitzbretter im Maßstab 1:87. Natürlich geht es auch billiger mit Pappe. Das Mauerstück selbst besteht hier aus Balsaholz

ist etwa die Rückseite halbrund, während die drei übrigen Seiten geradlinig, aber unsymmetrisch zueinander verlaufen. Beim Nachbau ist lediglich auf eine richtige Sitzhöhe für die Miniaturmenschlein zu achten.

## Treppe „nach unten"

Selbstverständlich sind die Begriffe „unten" bzw. „oben" immer relativ zu betrachten – hier ist gemeint, dass von einem Hauptniveau aus eine Treppe zu tiefer gelegenen Stellen führt!

Als Anregung diente ein von Mauern eingefasster Wasserlauf in der schönen Wismarer Innenstadt. Eine solche Situation könnte sich jedoch auch durchaus in dörflichen Bereichen finden. Die recht langen Mauern werden an einigen Stellen durch „nach unten" führende Treppen aufgelockert, die nicht zuletzt auch eine Art Notaufgang vom Wasser aus darstellen.

Im Modell benötigt diese Treppe nur wenig Platz, die Vorbildbreite braucht 80 Zentimeter nicht zu überschreiten. Geeignete Mauerplatten bieten viele Zubehörfirmen an – dabei aber keinesfalls die obere Abdeckung vergessen. Die Treppe muss nicht unbedingt im Eigenbau entstehen. Für den Maßstab 1:87 bietet beispielsweise die Firma Auhagen ein Treppensortiment (Artikelnummer 48 646) an, das auch einige solch schmaler Treppen enthält. Ansonsten sind vielleicht von anderen Bausätzen diverse Stufenteile übrig geblieben, die sich nun nutz-

Die im Text beschriebene Situation in Wismar (Juni 1996)

Etwas andere Modellsituation: Von der Hauptstraße führt eine doppelte Treppe hinab zum tiefer gelegenen Bahnsteig Foto: Ilona Werner

bringend verwenden lassen. – Achten Sie bitte auf ein weiteres Detail: Das Schutzgeländer von der Straße aus hat seine Öffnung leicht versetzt neben dem oberen Treppenbeginn.

## Reste von Straßenbahngleisen

Sie stimmen die Freunde des öffentlichen Personennahverkehrs eher traurig, doch sind sie nichtsdestotrotz seit den fünfziger Jahren ein Stück Realität: Reste stillgelegter Straßenbahnstrecken in unseren Städten. Nicht immer entfernte man nach der Betriebseinstellung auch umgehend die Gleise. Vielfach überlebten diese noch jahrelang, allenfalls an einigen besonders schlechten Stellen überteert.

Mitunter gibt es noch ein anderes Phänomen zu beobachten. Die Schienen wurden nicht entfernt, sondern aus Kostengründen einfach mit einer Teerdecke versehen. Diese war jedoch nicht allzu dauerhaft und gab im Laufe der Zeit stellenweise wieder die Schienenoberflächen frei.

Für die Modellgestaltung könnten solche Gleisreste auch dazu dienen, bei eigentlich fehlendem Platz für eine Straßenbahn zumindest anzudeuten, dass dort einst eine „Elektrische“ verkehrte. Da früher Gleise auch in sehr engen Straßen verlegt wurden, findet sich bestimmt eine passende Stelle auf unserer Anlage! Dazu müssen gar nicht unbedingt komplette Gleisstücke „versenkt“ werden – es dürften oft auch einige bloße Schienenreste genügen. Eine „entgegengesetzte“ Idee wäre es, auf einer neuen Straße bereits vorsorglich verlegte – aber noch unbenutzt bleibende – Straßenbahngleise zu verlegen.

Die Tafelfeldstraße in Nürnberg verlor in den achtziger Jahren ihren Straßenbahnanschluss. Im Frühjahr 2003 hatte man die Gleise aber immer noch nicht vollständig entfernt

Tote Gleise vor dem VAG-Betriebshof Nürnberg-Schweinau; heute dient er ausschließlich den Bussen

Ganz hinten deuten Schienenreste in der Fahrbahnmitte auf die dort einst verkehrende Straßenbahn hin
Diorama und Aufnahme: Bernd Franta

**Bis hierher und nicht weiter für den allgemeinen Kraftfahrzeugverkehr! Hinter den Grundstücksgrenzen beginnt unmittelbar der Wald, der lediglich von einem Forstweg erschlossen wird**

## Straßenende am Waldrand

Zwar nicht alltäglich, doch auch keine Ausnahme an Orts- oder Siedlungsrändern sind ausgebaute Straßen, die unmittelbar hinter der Bebauung enden und lediglich als Waldweg weiter führen. Ein entsprechendes Sperrschild weist auf die Benutzungsbestimmungen des in der Folge unbefestigten Weges hin – in der Regel dürfen im Auftrag der Forstverwaltung verkehrende Kraftfahrzeuge und eventuelle Anlieger passieren. Auch der Fahrradverkehr ist im allgemeinen gestattet.

Da auf Modellbahnanlagen gewöhnlich Platznot herrscht, sind solch abrupte Übergänge zwischen Bebauung und Wald ein gutes Hilfsmittel für die Landschaftsgestaltung. Wichtig ist, dass die letzten Meter der geteerten Straße schon einen etwas „vergammelten" Eindruck machen, da sie kaum von Autos benutzt werden. Deutliche Verschmutzungsspuren oder vielleicht auch etwas abgefallenes Astwerk können den realistischen Eindruck weiter erhöhen.

## Bemerkungen zu Miniaturautos

Aus Kostengründen weisen Großserien-Modellautos zwar eine weitgehende Detaillierung, aber überwiegend nur eine teilweise farbliche Nachbehandlung auf – der Verkaufspreis würde anderenfalls zu stark steigen. So bleibt es uns vorbehalten, bestimmte Fahrzeuge in dieser Hinsicht weiter zu verbessern. Solch „gesuperte" Modellautos sind natürlich in erster Linie für gut einsehbare Stellen auf der Anlage oder dem Diorama vorgesehen, denn eine vollständige Nachbearbeitung des gesamten Fahrzeugparkes dürfte wohl am Zeitbedarf scheitern. Allgemein nicht verzichten sollten wir aber zumindest auf die „polizeiliche" Zulassung der Autos und Motorräder durch Andeutung von Nummernschildern. Einige dieser optischen Verbesserungen zeigen unsere Bilder.

In diesem Zusammenhang sei noch folgendes bemerkt: Bis in die siebziger Jahre gab es in der Bundesrepublik, sehen wir einmal von Militärmodellen ab, eigentlich nur die Firma Wiking als Hersteller von Modellautos im angenäherten H0-Maßstab. Solch ältere „einfache" Modelle haben inzwischen aber mitunter einen hohen Sammlerwert, wenn sie sich im Ursprungszustand befinden. Selbstverständlich wird daher ein bloßer Sammler auf Zurüstungen verzichten – unsere Basteltipps sind in erster Linie an Modellbauer gerichtet. Aber vielleicht haben Sie von wichtigen Miniaturfahrzeugen ja jeweils mehrere Exemplare: eines zum Sammeln, die anderen zum optischen Verbessern!

### „Superungen" von Wiking-Modellen der Epoche 3

Nachfolgend stellen wir drei Beispiele aus der Bastelstube von Rainer Gumpp vor. Für alle Autos gilt, dass sie vor allem farblich aufgewertet wurden. Der Porsche 356 erhielt orange

**Was „Youngtimern“ (vgl. S. 71 oben) recht ist, soll den Oldtimern billig sein: Von links nach rechts präsentieren sich Mercedes 540 K, Rolls-Royce Silver Wraith und Jaguar XK 120**

Blink- und rote Rückleuchten, außerdem wurden beide Stoßstangen mit einem silberfarbenen Anstrich versehen. Ebenfalls diese Farbe erhielten Türgriffe, Motorhaubenverzierung und Lüftungsgitter am Heck.
Für den DKW F 89 gilt dasselbe, doch ging Rainer Gumpp dort noch einen Schritt weiter und verpasste dem Fahrzeug eine Zweifarben-Lackierung. Die Felgen bekamen die Farbe des unteren Teils der Karosserie. Zudem wurde an der Fahrerseite noch ein kleiner Außenspiegel montiert; der Kühlergrill ist silbern hervorgehoben.
Aus der normalen BMW-501-Limousine – dem berühmten „Ganovenauto“ – entstand ein Taxi, wobei das kleine Transparent dem Rietze-Zubehörsortiment

**Viele Produkte der spanischen Firma EKO fallen zwar qualitativ gegen hiesige Erzeugnisse ab, doch lässt sich mit Pinsel, Feile und Bastelmesser einiges daran verbessern (amerikanischer Pick-up und Opel Rekord). Der Fiat (rechts im Bild) stammt von der früheren Firma Walldorf-Mini**

(Artikel 70070) entstammt. Neben roten bzw. orangen Blink- und Rücklichtern sorgt wiederum reichlich Silber für ein vornehmes Aussehen: Stoßstangen, seitlicher Fahrzeugrahmen, Türgriffe und Kühlergrill verbessern das schöne Modell weiter. Selbstverständlich dienen dazu auch Kfz-Kennzeichen – beim Porsche fehlen sie allerdings noch. DKW und BMW (Normalausführung) sind übrigens nicht im gegenwärtigen Wiking-Lieferprogramm enthalten.

Im Stil der siebziger Jahre optisch aufgewertete Modellautos (VW-Käfer, VW-Golf I und Ford Transit)

Die gesuperten Modelle von Wiking (Porsche, BMW und DKW) präsentieren sich dem Fotografen

### Unverglaste Modellautos optisch verbessert

Modellautos wiesen anfangs meist nur auf dem Kunststoff angedeutete Fenster auf, die nicht durchbrochen waren. Bei der Firma Wiking erschienen die ersten Autos – damaliger Maßstab 1:90 – mit verglasten Fenstern erst 1958 und die sukzessive Umstellung des gesamten Sortiments zog sich etwa zehn Jahre hin. Wenn auch inzwischen eine Reihe der damaligen Autos als Neukonstruktion in zeitgemäßer Ausführung erschienen sind, besitzen manche Modellbahner noch etliche solcher alten Miniaturen. Sie lassen sich mit einer recht einfachen Methode optisch verfeinern, ohne dass an der Karosserie aufwändige Säge- oder Feilarbeiten notwendig sind: Versehen Sie einfach die Fensterflächen mit einem schwarzen Farbanstrich! Dies wirkt, wenn man das Fahrzeug nicht gerade aus zwanzig Zentimetern Abstand betrachtet, durchaus völlig echt. Die Vergleichsaufnahme von nachbearbeiteten und „richtig verglasten" Modellen zeigt mehr als viele Worte das passable Ergebnis.

Um etwaigen Einwänden von reinen Sammlern vorzubeugen: Wer seine guten Stücke ausschließlich für die Vitrine vorsieht, wird solche unverglasten Raritäten aus den fünfziger Jahren natürlich im Originalzustand belassen. Obiger Vorschlag bezieht sich rein auf die

Dreimal Wiking: Die unverglaste Henschel-Zugmaschine (links) und der Opel Olympia (Mitte) erhielten schwarz eingefärbte Fensterflächen. Der optische Unterschied zum DKW Junior (rechts) mit richtiger Verglasung ist beim Betrachten aus einer gewissen Entfernung gering

Verwendung der Modellautos auf einer Eisenbahnanlage!

### Pritschen-Sattelzug mit MAN-Zugmaschine

Bisweilen ergeben sich interessante Lastzüge durch andere Kombination von Einzelfahrzeugen verschiedener Hersteller. Dazu wird in der Regel auch eine komplette Neulackierung nötig sein, um ein einheitliches Bild zu gewährleisten. Bernd Franta schuf beispielsweise einen interessanten Sattelzug, wie er in der Epoche 3 verkehrt sein könnte, aus Albedo- und Wiking-Basismodellen. Hier die Kurzbeschreibung:

Als Zugmaschine fungiert der

Der Albedo/Wiking-Sattelzug bei einem Rangiermanöver im Werkshof Foto: Bernd Franta

MAN 750 von Albedo, als Auflieger die bekannte Pritsche mit hoher Stirnwand von Wiking. Zwischen 1959 und 1969 gab es diese übrigens „fertig“ als einachsigen Auflieger, doch könnte die Ladefläche auch vom dreiachsigen Lkw-Anhänger (Teil des Lastzuges Artikelnummer 858) genommen werden. Dann wäre allerdings noch ein einachsiges Auflieger-Fahrgestell nötig. Das Ergebnis der Bastelarbeit kann sich sehen lassen, wobei besonders die Nachbildung einer teilweise zurück gezogenen Plane gefällt. Dadurch wird auch die Röhrenladung gut sichtbar.

**Der Deutz-Schlepper (links) erhielt ein Fahrerhaus vom Traktor D 4K (rechts) aus früherer DDR-Produktion – beim Modell quasi eine deutsch-deutsche Gemeinschaftsarbeit**

## Vollkabine für Deutz-Schlepper

Einer ähnlichen Kombination von Teilen verschiedener Fahrzeugmodelle verdankt der Deutz-Schlepper D 50.1S von Wiking (Artikelnummer 881) ein Fahrerhaus. Zeitweise bot ihn die Firma Wiking auch serienmäßig mit einem Schutzdach an, doch inzwischen gibt es ihn wieder ausschließlich „oben ohne“.
Die gezeigte Vollkabine kommt vom Dutra-Traktor D 4K der früheren DDR-Firma Minicar – nach der Wende von s.e.s. übernommen, dortige Artikelnummer 14 1808 01 – und passt nach nur geringen Anpassungsarbeiten gut auf den Deutz-Schlepper. Das Vorbild des D 4K stammt übrigens aus Ungarn und wurde in Kooperation mit der österreichischen Firma Steyr gefertigt.
Vor allem Fuhr- und Zirkusunternehmen versahen ihre normalen Schlepper gern mit geschlossenen Fahrerhäusern. Nach Neulackierung des Fahrzeugmodells wird jedenfalls eine glaubhafte optische Wirkung erzielt – die Vollkabine sitzt „wie angegossen“.

## Lanz-Bulldog mit leichtem Schutzdach

Ein begehrtes Wiking-Modell ist seit 1973 der Lanz-Bulldog (heutige Artikelnummer 880), den es seither in zahlreichen Farb- und Ausführungsvarianten gab: mit und ohne Zughaken bzw. Fahrerfigur oder als Ladegut für Eisenbahnwagen anderer Hersteller. Aber nie hat die Firma Wiking ihren Lanz mit einem Dach versehen – also schaffen wir Abhilfe.
Das typische abgerundete Lanz-Dach kann beispielsweise aus einem Stück Polystyrol entstehen. Für die Frontpartie greifen wir zu einem Klarsicht-Kunststoffteil aus Häuserbausätzen oder Verpackungen. Für die hinteren Abstützungen eignen sich Kunststoffstäbchen oder Draht. Nach dem Trocknen der Verklebungen können die Lackierungsarbeiten beginnen. Bei unserem Muster wurden zusätzlich die Felgen und der noch etwas zu erkennende Motor farblich abgesetzt.

## Urlaubsstimmung dank Wohnmobil

Das Angebot der Zubehörindustrie an Modell-Wohnmobilen ist trotz ihrer Beliebtheit „im Großen“ nach wie vor nicht allzu groß. Was liegt da näher, als zum Bastelwerkzeug zu greifen? Und hier verfahren wir ebenso „vorbildlich“, wie es vor 20 Jahren nicht selten war: Aus Gründen der Kostenersparnis fertigen wir unser individuelles Wohnmobil aus Großserienteilen. So wurden zum Beispiel ihrer Pritschen beraubte Kleintransporter als Zugfahrzeug verwendet und das Fahrwerk erhielt hinten wohnwagenähnliche Aufbauten.

Ein entsprechender Umbau im Modell (Baugröße H0) erfolgte aus zwei Wiking-Modellen, die sich allerdings derzeit nicht mehr im Lieferprogramm befinden: einem Wohnanhänger und dem Opel Blitz als Pritschenwagen. Nach dem Entfernen der Ladefläche wurde dort mit geringen Anpassungsarbeiten das Wohnwagengehäuse aufgeklebt. Nachdem noch einige Kunststoffstreifen angebracht worden waren, konnte die Lackierung erfolgen.

Natürlich empfiehlt sich dieser Umbau nur, wenn man die betreffenden Wiking-Grundmodelle dafür opfern möchte, sei es, dass sie schon leicht beschädigt in der Bastelkiste liegen oder man sie mehrfach besitzt.

**Lanz-Bulldog mit Dach und Wohnmobil auf Basis des Opel Blitz – beide in Baugröße Ho**

### MAN-Zugmaschine als spezielles Postfahrzeug

Ein kleiner Teil des Fuhrparks der Deutscher Bundespost bestand immer aus Sonderfahrzeugen und war auf unseren Straßen weitaus seltener zu sehen als die normalen Paket- oder Briefzustellwagen. Aus dem damaligen Albedo-Modell einer Zugmaschine (MAN 750) schuf Rainer Gumpp ein entsprechendes Postfahrzeug: Neben einer neuenLackierung von Fahrerhaus, Pritsche und Felgen im seinerzeitigen „Postgelb“ – etwas dunkler als heute – wurden weitere Details farblich hervorgehoben: Frontscheinwerfer silbern, Rückleuchten rot, Trittbretter silbergrau und Spitzen der Peilstangen weiß. Schließ-

**Von Rainer Gumpp umgestaltete MAN-Zugmaschine als Fahrzeug der Deutschen Bundespost**

**Dieser VW-T 1 der Deutschen Bundespost (Brekina-Modell) besitzt noch die silbernen Radkappen** **Foto: Bernd Franta**

lich weisen noch Posthorn-Abziehbilder (Firma Gollwitzer) an den Türen sowie „BP"-Kennzeichen auf den Fahrzeugbesitzer hin.

Das gelbe Dreieck auf dem Fahrerhaus musste zu jener Zeit übrigens immer dann hoch geklappt werden, wenn der Lkw einen Anhänger mitführte.

### Bemerkungen zu Radkappen von Post-Volkswagen

Lange Zeit schenkten die Hersteller von für die Baugrößen von H0 abwärts geeigneten Modellautos den Rädern bei Pkw und Transportern wenig Aufmerksamkeit. Es gab einfarbige Standardräder, die man bei fast allen Modellen verwendete. Die farbliche Nachbearbeitung blieb den Käufern überlassen. Als man im Laufe der Zeit die Felgen mit einem silbernen Anstrich versah, erhielten aus Kostengründen mitunter auch Transporter solche Räder. Beim großen Vorbild sah es dort jedoch meist anders aus, denn die Radkappen bekamen überwiegend die Grundfarbe des Fahrzeugs.

Besonders auffällig ist dies bei den seinerzeit sehr häufig verbreiteten VW-„Käfern" und VW-Transportern (Typ T 1) für die damalige Deutsche Bundespost. Obschon sehr alte Aufnahmen den T 1 mit verchromten Radkappen zeigten – dies berücksichtigte beispielsweise die Firma Brekina bei ihren entsprechenden Modellen –, ging die Post schon bald zu gelben Radkappen über. Offenbar erforderte eine strahlende Verchromung doch zu hohen Pflegeaufwand!

Also kommen auch wir unserer Postverwaltung entgegen, indem wir für „Käfer" und VW-Kastenwagen verchromte Radkappen weitgehend durch gelbe ersetzen.

**Einige Post-Volkswagen mit nachträglich gelb gestrichenen Radkappen. V. l. n. r.: VW T 2 (Wiking), VW T 1 (Brekina) und Käfer (Wiking)**

**Beispiel dezenter Innenstadt-Reklame aus der Zeit kurz vor dem Ersten Weltkrieg. Die Stadt Hof an der Saale dürfte damals in ihrer Größe ungefähr dem im Text behandelten Halberstadt entsprochen haben. Die Obergeschosse der Gebäude sind hier von Werbung frei gehalten!**

## Reklame in der Epoche 1

Seit Jahrzehnten gehören Reklameschilder und -tafeln zum vertrauten Bild in unseren Städten und Dörfern. Und fast ebenso alt sind die oft gegensätzlichen Meinungen zu diesem Werbemedium – Konflikte zwischen den Aufstellern von Reklametafeln und der betroffenen Bevölkerung werden sich immer wieder ergeben. Infolge dessen wurde schon frühzeitig versucht, die Reklameflut in halbwegs geordnete Bahnen zu lenken und durch behördliche Anbringungs- bzw. Ausführungsvorschriften zu regeln.

Im Jahre 1988 brachte die Firma Preiser für die Baugröße H0 ein Sortiment mit Beschriftungen und Reklametafeln aus der Zeit um die Jahrhundertwende heraus („Deko-Set um 1900"; Artikelnummer 511). Leider ist diese Packung gegenwärtig nicht mehr im Preiser-Sortiment enthalten, doch scheint es nicht uninteressant, dazu einige Vorbildinformationen für diese Epoche zu studieren.

Unter Umständen finden sich auch anderswo Abbildungen von Aufschriften oder Reklametafeln jener Zeit – mittels Farbkopien lassen sich auf diese Weise wohl auch brauchbare Ergebnisse erzielen.Vorab sei gesagt, dass der Zeitraum nicht allzu eng betrachtet werden sollte, denn manche Teile des Preiser-Beschriftungssatzes eignen sich durchaus noch für die zwanziger und dreißiger Jahre, die Epoche 2 also.

Eine möglichst realistische und vorbildnahe Stadtgestaltung erfordert es nicht zuletzt, auch im Modell wichtige zeitgenössische Vorschriften zu beachten. Versetzten wir uns zum leichteren Verständnis ins damalige Deutschland zurück: eine Monarchie, autoritär regiert, aber stark föderalistisch aufgebaut. Durch die einzelnen Teilstaaten gab es zwar häufig von Region zu Region unterschiedliche Bestimmungen, doch waren ih-

**Auf diesem Diorama, das in der Epoche 3 spielt, hielt sich an der Giebelwand des Hauses noch eine Reklame-Aufschrift, deren Ursprung noch in die späte Epoche 1, zumindest aber frühe Epoche 2 zurück reicht**

**Foto: Bernd Franta**

nen einige ordnungsrechtliche Grundforderungen gemeinsam: Reklameschilder durften Straßen, Plätze und Bauwerke – besonders natürlich solche von geschichtlicher oder künstlerischer Bedeutung – bzw. das Orts- oder Landschaftsbild nicht stören. Dieser weite allgemeine Rahmen wurde dann in der Regel den jeweiligen Polizeibehörden zur näheren Ausgestaltung überlassen.

Es konnte demnach durchaus örtliche Unterschiede in den „Reklamebestimmungen" geben. Für die Modellgestaltung bedeutet dies in der Tat eine gewisse Erleichterung beim Basteln, denn wer möchte uns schon eine eigene „ortspolizeiliche Sonderregelung" auf der Anlage absprechen?

Trotzdem erscheint es sinnvoll, sich einmal zeitgenössische Bestimmungen aus dem Jahre 1907 über „Reklamen, die verboten sind, nicht zugelassen oder möglichst verhindert werden" etwas näher zu betrachten, und zwar – soweit vorliegend – für die Großstädte Hannover und Nürnberg. Zum besseren Verständnis scheinen noch einige allgemeine Erläuterungen angebracht:

– Nicht unter die Bestimmungen fielen kleine Schilder mit (Vorbild-)Ausmaßen von maximal 20 x 35 Zentimetern. Dies entspricht in verschiedenen Modellbaugrößen ungefähr folgenden Abmessungen:

**0:** 4,6 x 8 mm
**H0:** 2,3 x 4 mm
**TT:** 1,7 x 2,9 mm
**N:** 1,2 x 2,2 mm
**Z:** 0,9 x 1,6 mm.

Im Modell also durchweg rechte „Winzlinge"!

– Eine Einzelbuchstabenbe-

## Reklame, die 1907 in Hannover (H) und Nürnberg (N) nicht zugelassen war

| Art der Reklame | Stadt | Bemerkungen, Einschränkungen | Bestimmung |
|---|---|---|---|
| Balkonschilder | H | | nicht zugelassen |
| | N | | verboten |
| Dachreklame | N | in der inneren Stadt | verboten |
| Reklamen an Einfriedungen, Planken u. dgl. | N | Schaukästen an Eckpfeilern | verboten |
| Erkerschilder | H | | nicht zugelassen |
| | N | | verboten |
| Flachschilder | H | Glasschilder, wenn der Grundton der Farbe nicht dem Haus entspricht | nicht zugelassen |
| Kastenschilder | H | in den Obergeschossen im äußeren Stadtgebiet | verboten |
| | N | | verboten |
| Leuchtreklame | H | in den Obergeschossen im äußeren Stadtgebiet | verboten |
| | N | Wechselbeleuchtung | verboten |
| Nasenschilder | H | | nicht zugelassen |
| | N | | verboten |
| Pfahlschilder | N | Schilder an Flaggenmasten | verboten |
| Reklame in Vorgärten | H | | nicht zugelassen |
| Streckenreklame | N | | verboten |
| Trapezschilder | H | in den Obergeschossen im äußeren Stadtgebiet | verboten |
| | N | | verboten |
| Vorstehschilder | H | in den Obergeschossen im äußeren Stadtgebiet | verboten |
| | N | in Obergeschossen und an fremden Häusern | verboten |
| Winkelschilder | H | in den Obergeschossen im äußeren Stadtgebiet | verboten |
| | N | | verboten |

schriftung – Buchstaben zum Beispiel aus Holz oder Metall –, die in die Hauswand integriert war, blieb meist unbeanstandet.

– Reklametafeln in Schaufenstern fielen damals wie heute nicht unter die jeweiligen Beschränkungen.

– In Zweifelsfällen war die Entscheidung der zuständigen Baukommission einzuholen, was bisweilen zu Ausnahmeregelungen führen konnte.

Die Übersicht (siehe gegenüber liegende Seite) zeigt Reglementierungen aus Hannover und Nürnberg, stellvertretend soll mit einigen Bestimmungen der Ortspolizei Halberstadt auch eine kleinere Stadt erwähnt werden. Nicht zugelassen war bzw. waren dort:

– Balkonschilder, Brandmauerreklame, Reklame an Einfriedungen oder Planken, Erkerschilder, Leuchtreklame, Markenschilder, Nasenschilder und Pfahlschilder.

In den Obergeschossen waren 1907 verboten:

– Flach-, Kasten, Trapez-, Vorsteh- und Winkelschilder.

Trotz mannigfacher Detailunterschiede der Vorschriften bzw. Verbote lassen sich allgemein fünf grobe Grundregeln aufstellen:

– In den äußeren Stadtbezirken gab es größere Restriktionen bei der Reklame; in Vorgärten sollte sie unterbleiben.

– Wenn hervor stehende Schilder (z.B. Kasten-, Nasen-, Vorsteh- oder Winkelschilder) angebracht werden durften, galt die Erlaubnis meist nicht für Obergeschosse in Gebieten außerhalb der Innenstadt.

– Glasschilder waren hinsichtlich ihrer Grundfarbe der Farbe des Hauses anzupassen.

– Reklameschilder an Balkonen und Fahnenmasten blieben verboten.

– Leuchtreklame unterlag oft Restriktionen (etwa kein Wechsellicht).

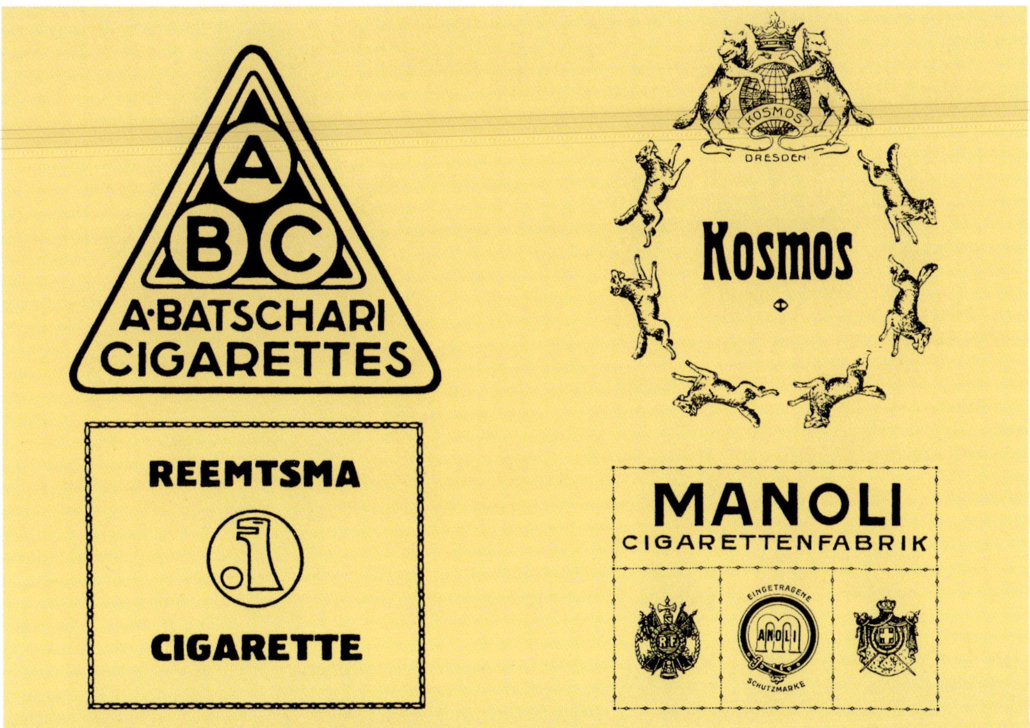


**Einige typische Embleme von Zigarettenfabriken aus der Zeit um 1910**

**Sammlung Rockelmann**

*Spezial:*
Haltestellen für Tram und Bus

Foto: Bernd Franta

## Allgemeine Bemerkungen

Linienomnibusse sind wohl auf den meisten Modellbahnanlagen und vielen Dioramen anzutreffen – demzufolge bilden auch Bushaltestellen ein zu Recht beliebtes Gestaltungselement. Nur hapert es leider bei der Umsetzung ins Modell bisweilen am Wissen über einige Bestimmungen aus dem Betrieb beim Vorbild.

Am häufigsten wird der Fehler begangen, für die Haltestelle(n) zu wenig Platz vorzusehen. Lesen wir zum Beispiel in der deutschen Straßenverkehrsordnung (StVO) nach, ist das Parken bis zu je 15 Meter vor und hinter einem gelb-grünen Haltestellenschild verboten.

Wenn auch diese Entfernung für Modellverhältnisse zu groß sein dürfte – dies wären für die Baugröße H0 gut 34 Zentimeter! –, sollten wir uns aber die Länge der eingesetzten Fahrzeuge vergegenwärtigen. Ein Gelenkbus misst im Maßstab 1:87 immerhin gut 20, ein normaler Zweiachser etwa 13 Zentimeter. Also gilt: Zumindest diese Abstände sollten wir von Parkmarkierungen frei halten.

Eine weitere Bestimmung ist ebenfalls zu beachten: Mit Fahrgästen besetzte Linienbusse dürfen nur dann rückwärts fahren, wenn ein zusätzlicher „Rangierer“ die Einweisung übernimmt. Schon aus diesem Grund wird man bei der Anlage von Busbahnhöfen darauf achten, die Zu- und Ausfahrten so zu gestalten, dass ein etwaiges Rückwärtsfahren nicht vorkommt. Ein von der Firma Vollmer seit geraumer Zeit gern in ihren Katalogen (Baugröße N) verwendetes Foto mit Postamt und vorgelagerter Haltestellenanlage sollte in diesem Zusammenhang nicht als Gestaltungsvorbild dienen: die schmalen Haltestellen-Fahrstreifen können nur durch Zurückstoßen

**Eine einfache Straßenbahnhaltestelle auf einem Schaustück im Maßstab 1:87, das die fünfziger Jahre in der Bundesrepublik zum Thema hat** **Diorama und Foto: Bernd Franta**

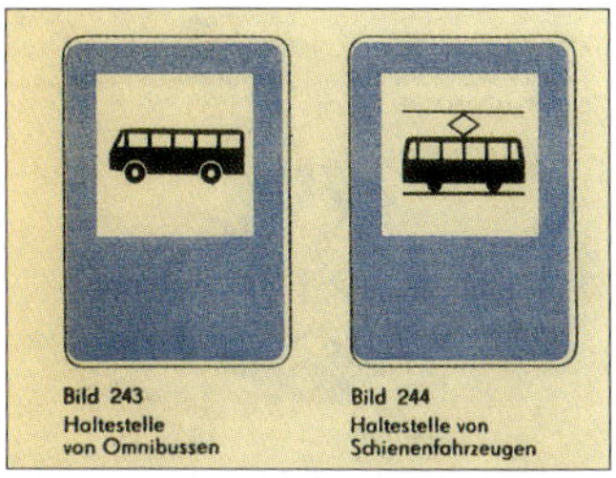


**Ab 1. Januar 1978 galten in der DDR an Haltestellen des ÖPNV die zwei neuen Verkehrszeichen 243 (Busse) bzw. 244 (Straßenbahn)**

der Busse erreicht werden. Verzichten wir also lieber auf eine Abfahrtstelle und widmen der bzw. den verbleibenden dafür ausreichend Platz.

## Deutsche Haltestellenschilder

Um das Jahr 1940 erschienen die gelb-grünen Haltestellenschilder für Bus und Straßenbahn. Ursprünglich unterschied man dabei zwischen Schienenverkehrsmitteln und Linienbussen. Ersteres Zeichen war – und ist heute noch – das bekannte grüne „H" auf einer gelben, grün umrandeten runden Tafel. Die andere Haltestellenkategorie wies zwar ebenfalls ein grünes „H" auf, doch war das Zeichen als Fahne ausgebildet. Diese konnte dabei vom Mast aus sowohl zur Fahrbahn hin als auch in die entgegengesetzte Richtung zeigen. Die Fahne trug meist eine Aufschrift – entweder die des betreffenden Verkehrsunternehmens oder das allgemeine Wort „Autobus".

Bei Straßenbahnen wurden nötigenfalls Doppelhaltestellen durch zwei nebeneinander angeordnete runde „H"-Tafeln markiert. Sie besagten, dass bei mehreren hintereinander befindlichen Zügen normalerweise nur einmal gehalten wird. Seit den späten siebziger Jahren kam statt der beiden separaten „H"-Tafeln die „HH"-Tafel auf, die für Doppelhaltestellen inzwischen die Regelform darstellt.

Anfang der achtziger Jahre beschloss man, künftig nur noch eine einzige Schilderart für Haltestellen öffentlicher Verkehrsmittel zu verwenden: das runde, bislang der Straßenbahn vorbehaltene „H"-Schild. Allerdings gab es eine mehrjährige Übergangsfrist. So wären auf Anlagen, die zeitlich etwa zwischen 1985 und 1990 spielen, beide Schildversionen vorbildgerecht.

In der DDR vereinheitlichte man die Haltestellenkennzeichnung schon eher, indem die runde „H"-Tafel für Straßenbahn und Busse Verwendung fand. Ab 1978 wurden an Haltestellen zusätzlich blaue Rechtecktafeln mit quadratischem weißem Feld und darin einem Autobus- (Zeichen 243) bzw Straßenbahnsymbol (Zeichen 244) bzw. aufgestellt. Der Grund dafür: Die „H"-Tafel besaß dort im Gegensatz zur BRD keine verkehrsregelnde Bedeutung und stellte lediglich einen Hinweis für den Fahrgast dar. Um das Halten (!) von Autos im Haltestellenbereich zu verbieten, waren die neuen blau-weißen Tafeln erforderlich. Für Anlagen

**Alte Kennzeichnung einer Doppelhaltestelle der Straßenbahn 1988 am Nürnberger Bahnhofsvorplatz**

**Mittlerweile weisen Doppelhaltestellen zwei „H" nebeneinander in einem Schild auf**

oder Dioramen, die in der DDR zwischen 1978 und 1990 spielen, sind diese Verkehrszeichen an Haltestellen des ÖPNV ein Muss.

**Einzelne Haltestellen dienen ausschließlich dem Schulbusverkehr**

Moderne Haltestellenschilder haben nur noch wenig mit solchen der fünfziger oder sechziger Jahre gemein. Zur besseren Orientierung der Fahrgäste tragen sie in zunehmendem Maße auch den Namen der Haltestelle, dies gilt vor allem für Linien des Stadtverkehrs mit ihren dichteren Fahrplänen. Je nach Bedürfnissen des Verkehrsunternehmens gibt es verschiedene Größen bzw. Formen der Schilder, mit dem eingerahmten grünen „H" auf gelbem Grund. Einige solcher Kompaktschilder, wie sie von der Firma Mabeg geliefert werden, zeigen die Skizzen (folgende Seiten).

Um nicht die kompletten Schilder jeweils individuell beschriften zu müssen, entwickelte man Wechseltafeln. In einen Außenrahmen können modular einzelne Tafeln eingeschoben werden; bei etwaigen Namensänderungen muss also nicht mehr das komplette Schild ausgewechselt werden, selbst die oben angebrachte „H"-Tafel ist separat auswechselbar. Wird eine Haltestelle – etwa wegen Bauarbeiten – zeitweise verlegt, decken Mitarbeiter der Verkehrsbetriebe einfach das „H" ab.

Diese modular aufgebauten Wechselschilder eignen sich besonders für eine Nachgestaltung auf Modellbahnanlagen ab der Epoche 4.

Außerdem sind an den Haltestellen von Straßenbahnen und Bussen Fahrplanhinweise notwendig. Dazu gibt es spezielle Vitrinen in unterschiedlichen Größen und Ausstattungen, wobei für Stadtverkehre die Formate DIN A 3 bzw. Vielfache davon vorherrschen. Bei Überlandlinien mit schwachem Verkehr finden wir auch das A 4-Format. Die Fahrplantafeln sind entweder direkt am Haltestellenständer oder, wenn vorhanden, in einer Wartehalle angebracht. Mitunter war es auch nötig, wegen hinzu gekomme-

**Bushaltestelle mit Fahnenschild, wie es in der BRD bis Ende der achtziger Jahre angewendet wurde**

**Während der Umstellungsphase Mitte der achtziger Jahre konnte man bisweilen sogar die beiden Schilderarten an einem Mast sehen, wie hier in Hilders (Rhön)**

**Durch die Mabeg-Wechselschilder kann die Beschriftung schnell angepasst werden**

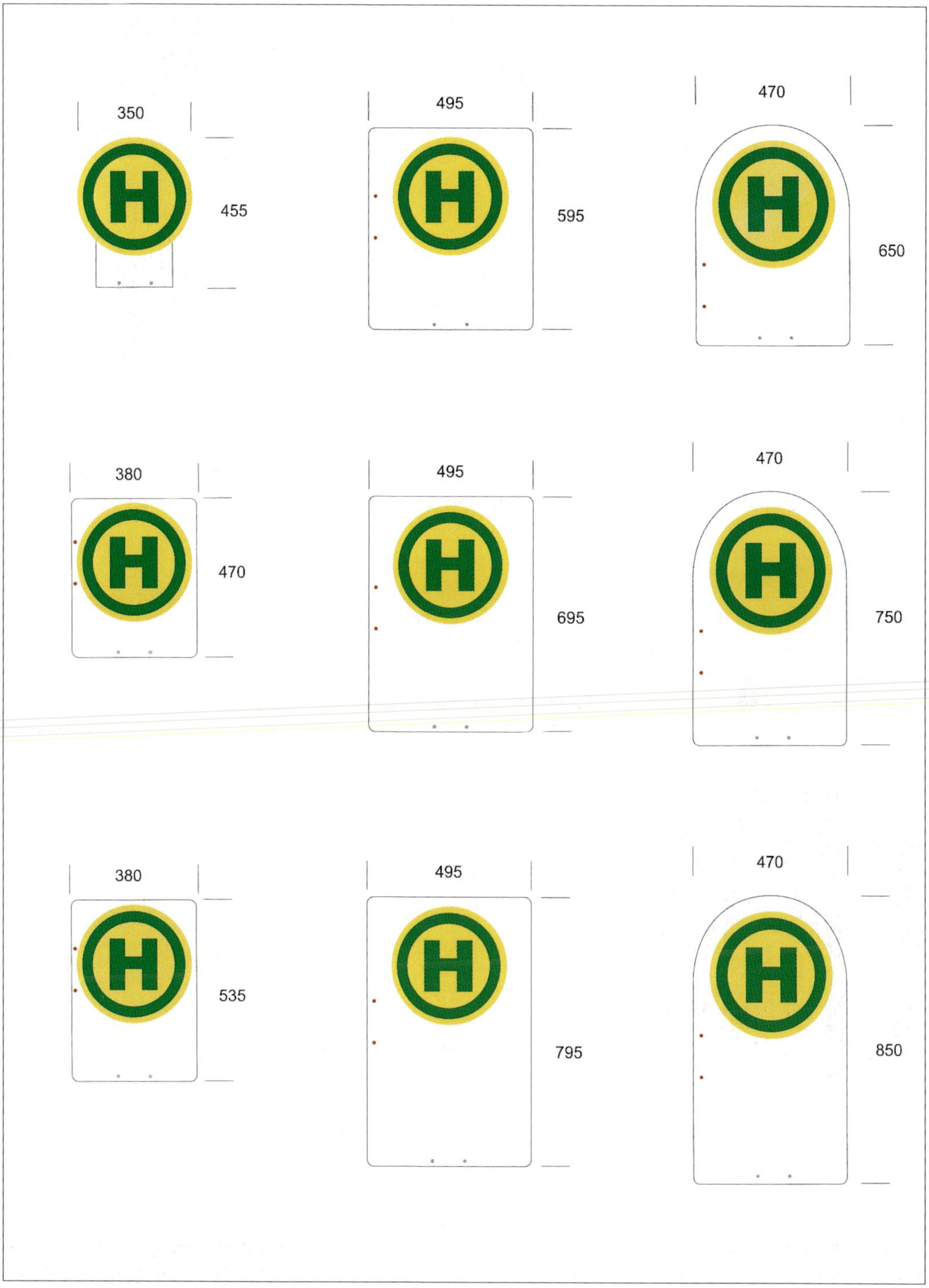


**Mabeg-Kompaktschilder aus dem Lieferprogramm des Jahres 2002** **Abbildungen: Firma Mabeg**

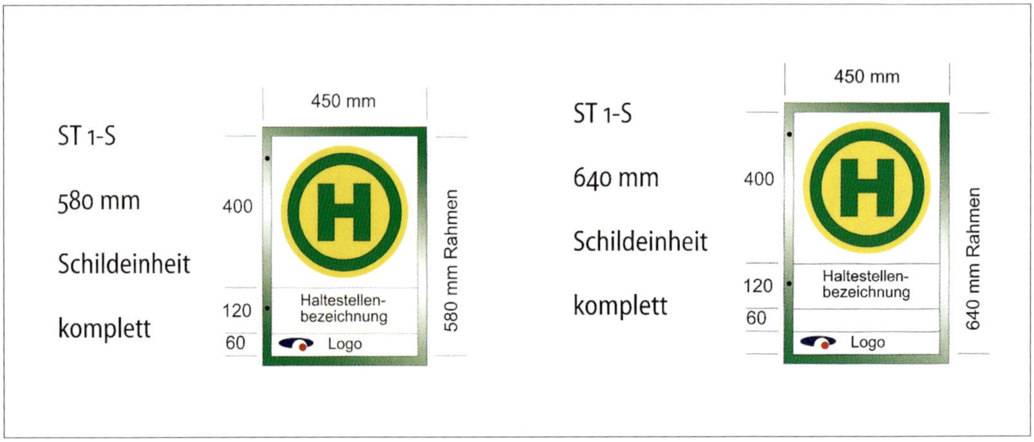


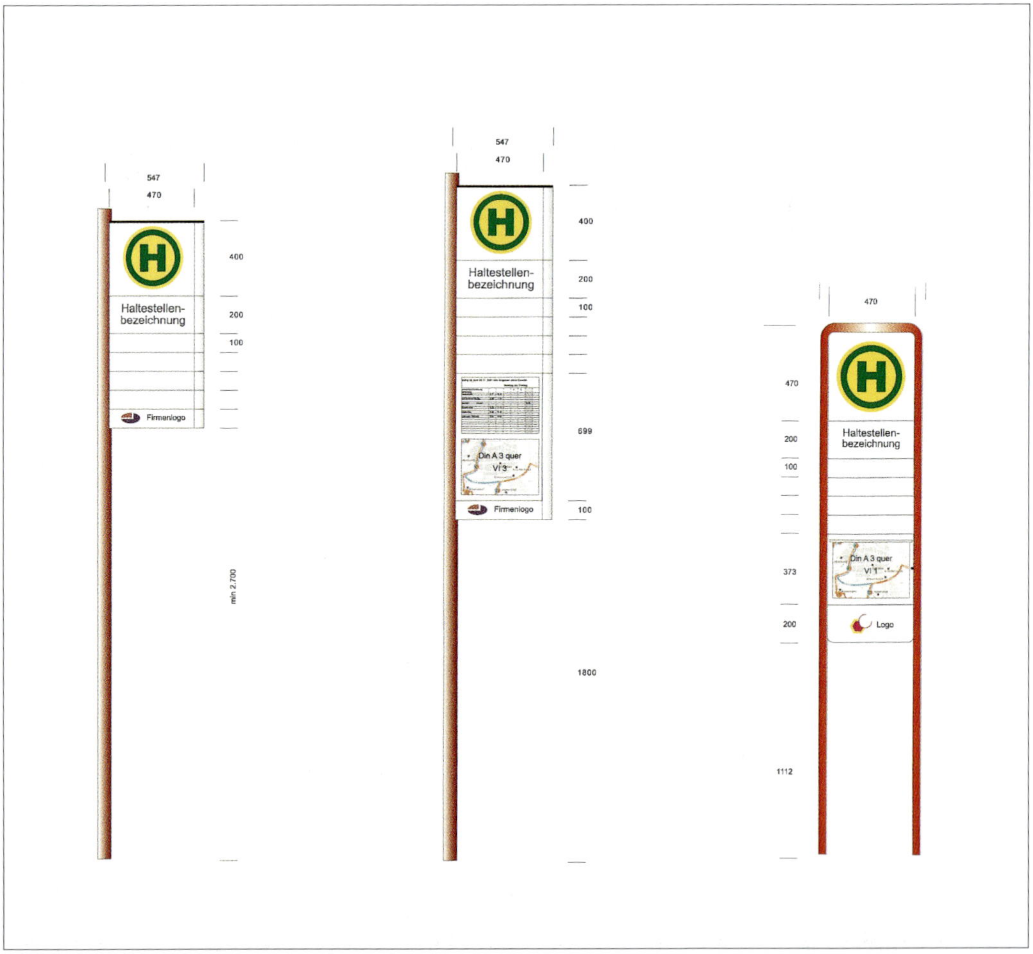


Mabeg-Kompaktschilder aus dem Lieferprogramm des Jahres 2002

Abbildungen: Firma Mabeg

ner Linien einen weiteren Ständer aufzustellen, der nur eine Fahrplanvitrine trägt.

## Mobile Haltestellenständer im Stadtverkehr

Mitunter müssen bei Busumleitungen auch Haltestellen verlegt werden. Die zeitweise außer Betrieb befindlichen sind dann, wie bereits oben geschildert, entsprechend gekennzeichnet. Neu hinzu gekommene Halte werden normal mit dem grünen „H" auf gelbem Grund gekennzeichnet, jedoch sind die Ständer nicht fest im Boden verankert. Früher besaßen sie meist einen schweren Betonsockel zur Sicherung der Standfestigkeit.

**Wichtige Haltestellen (hier: Freising Kriegerdenkmal) besitzen mitunter für jede Linie hintereinander angeordnete Einzelhaltestellen. Die rot-gelb-rote Markierung am Mast gibt übrigens seit Mitte der neunziger Jahre an, dass Busse zu bestimmten Zeiten beim Halten die Warnblinkanlage einschalten müssen und der übrige Autoverkehr den haltenden Bus nur langsam überholen oder passieren darf**

**Provisorische Haltestelle: In Nürnberg waren im Juni 1991 noch einige der alten Ständer (grüner Betonsockel) an der damals im Umbau befindlichen Station Obere Turnstraße im Einsatz**

Im April 2002 wurde in Nürnberg-Krottenbach eine neue Buslinie eingerichtet. Im anlaufenden Probebetrieb war man bei der Haltestellenausstattung vorsichtig und verwendete zunächst mobile Ständer

Heute sind jene „Füße" modernen kegelförmigen Metallkonstruktionen gewichen, in die sich die Maste einsetzen lassen.

## Buskaps

Seit einiger Zeit geht man dazu über, manche Haltestellenbuchten für Busse aufzugeben und die Busse direkt am Straßenrand halten zu lassen. Die Gründe dafür liegen auf der Hand: Obwohl die Straßenverkehrsordnung vorsieht, abfahrenden Linienbussen die Ausfahrt aus der Bucht zu ermöglichen, wird dies in der Praxis überwiegend ignoriert. Zudem sind manche bestehenden Busbuchten für Gelenkfahrzeuge recht knapp bemessen und verlangen den Fahrern einiges „Kurbeln" ab. Natürlich wird eine Busbucht nur aufgelassen, wenn die Fahrzeuge dort keinen längeren Aufenthalt haben und die Straße breit genug ist.

Die Aufhebung von Busbuchten kann prinzipiell in zweierlei Weise erfolgen. Am einfachsten und billigsten wäre es sicher, die Bucht durch Pfähle oder Poller von der Fahrbahn abzutrennen. Im Sinne der Fahrgäste ist jedoch beim Vorbild anzustreben, die Busbucht mittelfristig aufzufüllen und in der Höhe dem angrenzenden Gehsteig anzupassen – Pfähle sind dann in der Regel nicht nötig. Und hier haben wir eine Diskrepanz zwischen Großbetrieb und Modell, denn im Kleinen sorgen Pfähle in einer ehemaligen Busbucht einfach für mehr Abwechslung.

Gewissermaßen die Vorstufe zu einem Buskap: Die einstige Busbucht wurde durch Pfähle abgetrennt, der Bus hält nun auf der Fahrbahn

## Bahnsteige bei Straßenbahnhaltestellen

Wenn die Straßenbahngleise direkt auf der Fahrbahn verlegt sind, können keine besonderen Ein- bzw. Ausstiegshilfen angelegt werden. Bei genügend

**Haltestelle Connewitz Kreuz in Leipzig (Frühjahr 2002). Interessant für die Modellgestaltung: Die Schienenzwischenräume sind mit Betonplatten belegt, nicht aber der Raum zwischen beiden Gleisen!**

**Straßenbahn-Endhaltestelle Jena Ost im Mai 2002: Eine ältere Anlage auf Straßenniveau, jedoch am Fahrbahnrand. Durch den Einsatz moderner Niederflurwagen ist das Ein- und Aussteigen leichter geworden**

breiten Straßen ist es indes möglich, zumindest im Haltestellenbereich den Autoverkehr außen vorbei zu leiten und – wenn auch unter Umständen schmale – Bahnsteige zu schaffen.

Bei älteren Anlagen entspricht die Höhe der Bahnsteigoberkante der Schienenoberkante. Der „Bahnsteig" bietet dort zwar einen vom Autoverkehr abgetrennten Zugang, jedoch keine weitere Einstiegshilfe.

Wenn es „richtige" Bahnsteige gibt, hängt deren Höhe – gleich ob Vorbild oder Modell – natürlich auch von den eingesetzten Straßenbahnbauarten ab, so dass die im folgenden genannten

**Haltestelle Nürnberg Christuskirche mit vor einigen Jahren neu errichteten Bahnsteigen im Straßenplanum. Die im Text erwähnten unterschiedlichen Platten sind gut erkennbar**

**Zumindest an einer Seite wurden die Bahnsteigenden abgeschrägt, um einen stufenfreien Zugang zu ermöglichen**

Richtmaße unter Umständen dem jeweiligen Einzelfall angepasst werden müssen.

In Nürnberg wendet beispielsweise die Verkehrs AG für neue Bahnsteige eine Höhe von 15 cm über Schienenoberkante an; damit können sowohl moderne Niederflurwagen als auch Altbaufahrzeuge problemlos verkehren. Außerdem werden verschiedene Haltestellen bei Betriebsstörungen auch von Bussen angefahren – also vielseitige Betriebsmöglichkeiten!

Bei Anlagen ab der Epoche 5 ist es darüber hinaus unumgänglich, an zumindest einer Seite

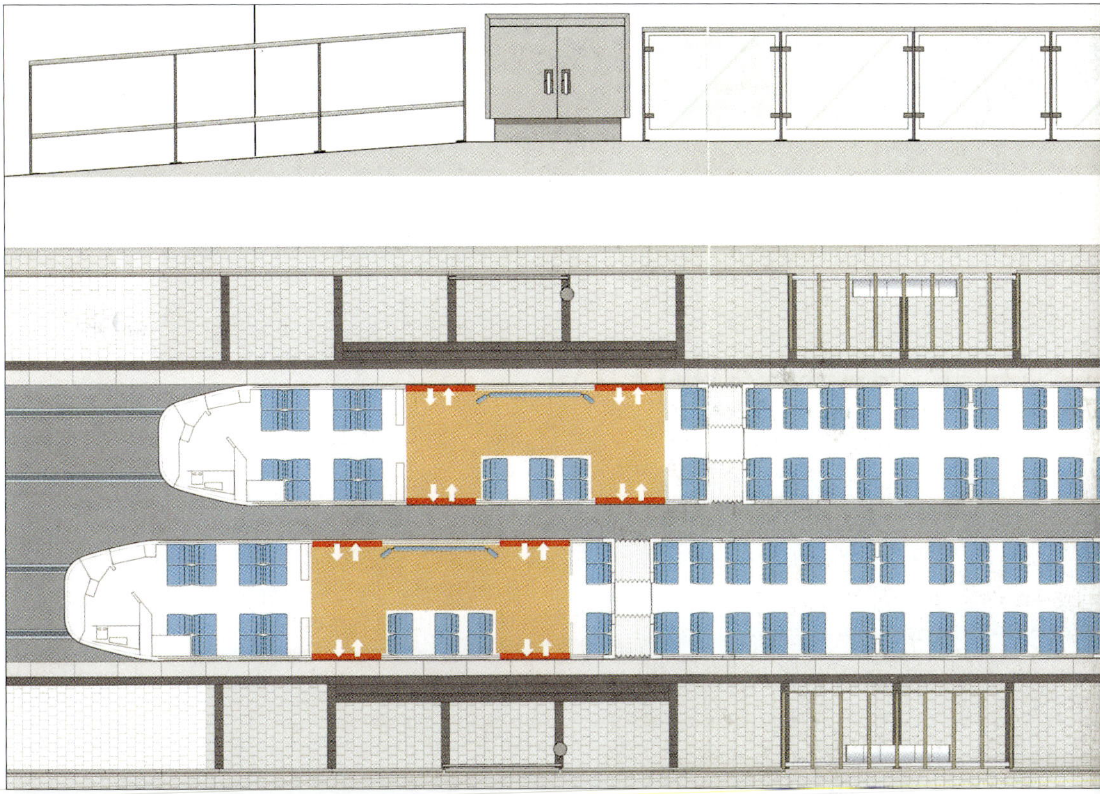

**Beispiel einer moderne Haltestellenanlage der Saarbahn nach dem Stand von 1997. Veröffentlichung des Ausschnittes mit freundlicher Genehmigung der Saarbahn Saar GmbH**

des Bahnsteigs die Kante allmählich zu erhöhen und damit eine Art Rampe für Rollstuhlfahrer oder Fahrgäste mit Kinderwagen zu schaffen. Für sehbehinderte Menschen werden Leitrillen im Bodenbelag vorgesehen, was durch entsprechende Rillenstein-Platten geschieht. In unserem Beispiel weisen die quadratischen Platten 30 Zentimeter Kantenlänge auf, so dass sich folgende Maße für die Bahnsteigtiefe ergeben:

- Bordstein 15 cm,
- normale Platte 30 cm,
- Platte mit Leitlinien 30 cm,
- 3 1/2 normale Platten 105 cm.

Für den Maßstab 1:87 würde dies eine Bahnsteigtiefe von immerhin etwa zwei Zentimetern bedeuten – eine moderne Straßenbahnhaltestelle benötigt also im Modell schon einen gewissen Platz!

Im vorgestellten Fall aus Nürnberg handelt es sich um eine bereits bestehende Straßenbahnhaltestelle, die baulich optimiert wurde. Wenn jedoch ein gänzlich neues Stadtbahnsystem entsteht, sind für dessen Haltestellen in der Regel noch großzügigere Ausstattungen möglich. So weisen etwa die Bahnsteige der Saarbahn, die Saarbrücken mit seinem Umland auf bislang einer Linie verbindet, folgende Maße bzw. Ausstattung auf:

Die Gesamtlänge des Bahnsteigs beträgt 75 Meter, darauf befinden sich drei Unterstände von je 5,20 Metern Länge. Ausgehend von diesem Maß wurde ein „Gestaltungsraster" von 2,60 Metern Breite entwickelt, in das unter anderem Ein- und Ausstiegszonen, Spritzschutzwände und Haltestellenschilder integriert sind. Die Bahnsteige sind 35 Zentimeter hoch, die sechs Promille geneigte Zugangsrampe ist fünf Meter lang.

**Rasch gebastelt: Eine Straßenbahn-Wartehalle in Massivbauweise**

Da die Einstiegszonen – d.h. die Lage der Fahrzeugtüren – bei der Saarbahn an den Bahnsteigen genau festgelegt sind, musste dem das Leitsystem des Bahnsteigpflasters für Sehbehinderte entsprechen. Ein 30 Zentimeter breites Band aus dunklem Rillenstein signalisiert die Nähe zur Bahnsteigkante, die selbst durch ein 35 Zentimeter breites helles Band aus glattem Stein gebildet wird. An den vier Einstiegstellen pro Bahnsteig ist der Rillenstein mit 60 Zentimetern doppelt breit gehalten. Somit wird nicht nur sehbehinderten Fahrgästen genau angezeigt, wo sich die Türen der Triebwagen zum Ein- und Aussteigen öffnen.

**Kleines hölzernes Wartehäuschen in Rohr bei Kulmbach**

## Städtische Wartehalle im Stil der sechziger Jahre

Als echte Feierabendbastelei entstand diese massive Wartehalle im Stil der Epoche 3b für die Endstation einer Straßenbahnlinie. Ohne bestimmtes Vorbild, ist die teilweise Verwendung von Klinkersteinen charakteristisch: beide Stirnseiten sind weitgehend aus diesem Material, während die Rückseite und der obere Mauerabschluss aus Betonteilen bestehen. Die Frontseite ist völlig offen und erlaubt dadurch den wartenden Fahrgästen eine befriedigende Sicht zur ankommenden Straßenbahn.

Im Modell gelangten unterschiedliche Materialien zur Anwendung. Die Kunststoff-Ziegelmauerplatten der Firma Vollmer (Artikelnummern 6028 oder 6033) wurden, um eine glaubhafte Mauerstärke darzustellen, Rücken an Rücken zusammengeklebt, wobei noch eine dünne Kartonschicht dazwischen kam. Auf diese Weise ergibt sich für die Baugröße H0 eine Mauerstärke von drei Millimetern im Modell. Oberteile und Rückwand entstanden dagegen aus starker, nicht fasernder Pappe, während die überstehende Dachplatte („Zement", Vollmer-Nummer 6027) wiederum aus Kunststoff besteht. Auf eine Dachrinne an der Dachrückseite wurde verzichtet, da sich auf der Anlage hinter der Wartehalle dichtes Buschwerk befand. Selbstverständlich sollte das Halleninnere noch Sitz-

gelegenheiten erhalten. – Grundmaße der H0-Wartehalle:
- Breite 55 mm,
- Tiefe 30 mm,
- Höhe hinten 32 mm,
- Höhe vorn 36 mm.

## Wartehalle an einer Überland-Straßenbahnlinie

Haltestellen an Überland-Straßenbahnstrecken besitzen bzw. besaßen vielfach nur kleine Unterstellmöglichkeiten wie das hier gezeigte Häuschen – das kein konkretes Vorbild aufweist – aus der Epoche 3 in typischer Wellblech-Manier. Es werden lediglich vier Hauptbauteile benötigt: zwei Seitenwände, Rückwand und Dach. Als Baustoff dienten Kunststoffplatten der früheren Firma Plastruct, heute könnte man sicher auf Teile von Evergreen oder Conrad zurückgreifen.

## Zwei Bus-Wartehäuschen auf dem Land

Bei geringerem Busverkehr, wie er über Land vorherrscht, genügen an den Haltestellen ebenfalls einfachere Ausstattungen. Wenn es Wartehallen gibt, finden wir diese in vielfältigen Versionen von wenig schönen Bauten aus Fertigbetonteilen bis hin zu gefälligen Holzhäuschen. Um die Tristesse des unbehandelten Betons abzumildern, wurden solche Bauten bisweilen innen bunt bemalt. Wegen der recht großen Öffnung nach vorn lässt sich eine Bemalung auch im Kleinen durchführen. Quasi

**Die schlichten Betonhallen in Kulmbach-Leuchau erhielten innen eine freundliche Gestaltung durch bunte Bemalung**

als Gegenstück zeigen wir eine kleine Holzhalle, bei deren „rustikalem" Stil eine bunte Gestaltung fehl am Platz wäre!

## Reklame an Wartehallen

Seit den achtziger Jahren werden Wartehallen an Straßenbahn- und Bushaltestellen zunehmend durch Werbung finanziert und deshalb mit Reklameflächen ausgestattet.

Unabhängig von örtlichen Bestimmungen oder Besonderheiten achtet man bei gläsernen Wartehallen jedoch im allgemeinen darauf, dass diejenige

**Ob auf dieser Modellbahnanlage gerade Sommerferien sind? So ruhig dürfte es sonst an dieser Haltestelle nicht sein.**

**Zu verbessernde Kibri-Wartehalle im Bausatz 8102: Eine Stirnseite erhielt eine Werbevitrine, die andere blieb transparent (jedoch mit orangem Schutzstreifen). An der Rückseite ist die Verglasung noch nicht eingesetzt**

Hallenstirnseite, aus deren Richtung sich Busse oder Bahnen nähern, transparent verbleibt und nicht mit einer Werbevitrine versehen ist. Der Grund: Für den Fahrer sind in der Halle wartende Personen besser zu erkennen. Auch im Modell sollten wir darauf achten!

Als Beispiel für eine auf diese Weise zu verbessernde Unterstellmöglichkeit sei der in der Kibri-Packung Nr. 8102 (H0) enthaltene Bausatz einer modernen Wartehalle vorgestellt. Sie wurde prinzipiell gut ausgeführt, weist aber doch ein paar relativ leicht behebbare Mängel auf. So ist beim Modell nur die Rückseite verglast – in den beiden Stirnseiten fehlen Scheiben. Eine solche Bauweise böte unseren Miniaturmenschen nur unzureichenden Witterungsschutz, also schaffen wir Abhilfe!

Die aus Fahrtrichtung der Busse gesehene hintere Stirnseite erhält eine Reklamevitrine. Dazu schneiden wir aus Karton ein genau in den Rahmen passendes Füllstück (13 x 17 Millimeter) aus, kleben es ein und versehen

**Haltestellen-Panorama am Bahnhof Nürnberg-Fischbach. Bitte achten Sie auf die Anordnung der Werbevitrinen an der Halle**

**Auf den ersten Blick gibt es an der Bushaltestelle Kornburg Nord keine Besonderheiten, doch weist der Gehsteig dorthin eine kuriose Krümmung um einen Baum auf**

**Wartehalle in Nürnberg-Herpersdorf: Die aus der Fahrtrichtung vorn liegende Seitenwand bleibt transparent, damit der Busfahrer Fahrgäste sofort erkennt. Reklame findet sich nur an der Gegenseite**

es beidseitig mit Reklameaufschriften. Die gegenüber liegende Stirnseite wird verglast, dazu eignen sich recht gut die transparenten Enden eines Dia-Films. Außerdem muss diese Glasfläche aus Sicherheitsgründen eine Markierung erhalten, damit die Scheibe auch als solche wahrgenommen wird. Diese Streifen entstehen aus Selbstklebe-Etiketten. Auf die gleiche Weise müssen wir auch die Scheiben auf der Hallenrückseite verfeinern. Nun kann die weitere Ausschmückung mit den beiliegenden Sitzbänken und Abfallbehältern erfolgen.

## Verbliebener Baum an Bushaltestelle

Eine nachbauenswerte Situation findet sich an der Bushaltestelle „Kornburg Nord" in Nürnberg. Außer der Tatsache, dass haltende Busse dort die Rechtsabbiegerspur der folgenden Abzweigung mitbenutzen, fällt der von einem Mäuerchen umgebene Baum ins Auge. Offensichtlich war er als erhaltenswert eingestuft worden – folglich musste der Gehsteig außen herum geführt werden. Zwischen Fahrbahn und Mauer ist im Vorbildfall nur ein halber Meter Platz vorhanden; Fußgänger sollten dort aus Sicherheitsgründen nicht laufen. Um die Rundung der Mauer einfach nachzubilden, empfiehlt sich ein Aussägen des Mauerabschnitts aus Holz, dessen Stärke der Mauerhöhe entspricht. Nach dem Glätten kann der „Holzkern" mit handelsüblichen Mauerplatten versehen werden, wobei auch die Deckplatten – aus Karton zurechtgeschnitten – nicht vergessen werden dürfen. Da ist dann wirklich anzunehmen, dass sich unsere Miniaturfahrgäste über das zusätzliche Grün freuen!

# Um Haus, Hof

# und Garten

Kosak/Archiv GN

## Einzelgarage

Von der amerikanischen Firma Evergreen gibt es ein großes Sortiment an Bastelplatten verschiedenster Ausführungen, darunter Bretterimitationen in zahlreichen Mustern und Abmessungen. Dieses Material eignet sich hervorragend für Selbstbauten wie die beschriebene Einzelgarage. Sie soll später einmal ihren Platz auf dem Grundstück eines Einfamilienhauses bekommen.

Zuerst schneiden wir die Einzelteile zurecht. Die vorgeschlagenen (H0-)Maße stellen lediglich Richtwerte dar und können selbstverständlich abgeändert werden. Die Hauptmaße unserer Wände:

- Länge 60 mm,
- Breite 40 mm,
- Wandhöhe 25 mm,
- lichte Durchfahrt der Vorderseite 30 x 20 mm.

Eine Seitenwand erhält ungefähr mittig eine Fensteröffnung, deren genaue Größe sich nach einem vorhandenen Teil aus der Bastelkiste richtet. Als Unterbau dient ein Fundament aus Ziegelimitation der Firma Faller. Beim Garagentor können wir auf Material von Evergreen zurückgreifen.

Sind all diese Teile montiert, kann das aus Pappe oder Kunststoff bestehende Satteldach aufgesetzt werden. Solche Leichtbau-Holzgaragen besaßen zumeist nur ein einfaches Teerdach, dessen Imitation aus feinem Schleifpapier besteht. Die Farbgebung der Garage sollte sich nach dem zugehörigen Wohnhaus richten.

## Garagen „en gros“

Ein- oder zweiständige Garagen sind aus den umfangreichen Lieferprogrammen verschiedener Modellbau-Hersteller zwar wohlbekannt, jedoch keine Reihengaragen. In der Nähe größerer Wohnanlagen können durchaus 30 oder 40 Garagen stehen! Zwar brauchen wir es im Modell nicht gleich zu übertreiben, doch fünf oder sechs solcher Bauten wären sicher nicht fehl am Platze.

Der Gedanke dazu kam mir in einem Baumarkt auf der Suche nach Holzprofilen für ein Regal, als mir eine schon abgeschnittene Leiste mit den Maßen 60 x 20,5 Millimetern in Auge fiel. Kurzerhand wurde sie erworben – und die häusliche Prüfung unter Modellbahn-Gesichtspunkten verlief erfolgreich. Mit geringem Aufwand konnte, da das Holzprofil gerade und nicht in der Länge leicht verworfen war, eine H0-Garagenreihe entstehen – wenn auch ausschließlich mit geschlossenen Toren.

Als Dachfläche wurde einen Millimeter starke Pappe aufgeklebt, die noch eine weitere Schicht „Dachpappe“ aus feinem Sandpapier erhielt. Falls Kies als Dachbedeckung nachgebildet werden soll, nimmt

**Einzelgarage mit flach geneigtem Satteldach**

**Mehrfachgarage in Ho**

**Müllbehälter aus unterschiedlicher Perspektive im Maßstab 1:87**

man gröberes Schleifpapier oder versieht die Pappe mit feinem Gleisschotter. Die Umrandung bzw. Abgrenzung erfolgt durch dünne Kunststoffleisten. Auf dem Dach müssen schließlich Verstärkungen in den jeweiligen Abständen der Garagenteile (Breite: 30 Millimeter) eingepasst werden.

Die geschlossenen Garagentore sind aus dünnem Kunststoff mit leichten Einkerbungen zurecht zu schneiden; dazu eignet sich auch das bereits fertige Material der Firma Evergreen in Form von entsprechenden Polystyrolplatten (erhältlich in gut sortierten Modellbahn- bzw. Modellbaugeschäften).

Sollten die Garagen an einer Hauswand stehen, braucht jene Seite nicht besonders bearbeitet zu werden. Die Dachpappe kann eine dunkelgraue Farbe aufweisen, die Kiesel einen hellen Grauton. Bei den Toren sind wir – vorbildgerecht – flexibel.

Wenn doch der Wunsch nach einem geöffneten Garagentor besteht, sägen wir einfach die Leiste dort, wo sich die Öffnung befinden soll, auseinander. Das Dach wird einheitlich durchgezogen und die Rückseite – falls frei stehend – mit Pappe oder Kunststoff geschlossen. Aus dem Evergreen-Profil sägen wir ein Tor mit den Maßen 30 x 25 Millimeter und passen es in die Öffnung ein. Wenn sich kein Auto im Inneren befindet, können wir noch in der Garage gelagerte Reifen oder schmale Werkzeugregale nachbilden.

## Mülltonnen vor dem Haus

Falls es sich nicht gerade um den „Abfuhrtag" handelt, sieht man nur noch selten Mülltonnen ständig direkt vor dem Haus stehen. In Städten mit Altbauten sind die Tonnen in der Regel im Hinterhof oder der Hofeinfahrt zu finden. Eigenheimbewohner bewahren Mülltonnen mitunter in einer Verlängerung der Garage auf, und manchmal finden wir auch eine in der Hauswand befindliche abschließbare Öffnung für die Tonnen. In Siedlungsgebieten besitzen Abfallbehälter zudem häufig ihren Platz im Vorgarten, zumal sich durch strengere Umweltschutzbestimmungen die Zahl der Mülltonnen pro Haushalt er-

**Zwei mit Betonmauern eingefasste Mülltonnenstellplätze in Ho**

**Neben der Tür zum Garten an der Hausrückseite war noch Platz für dieses gebogene Lüftungsrohr vorhanden Foto: Ilona Werner**

höht hat. Größere mehrstöckige Wohnhäuser haben dafür abgegrenzte Stellplätze erhalten – einen solchen wollen wir im Modell präsentieren.

Von einigen Modellbaufirmen sind bereits, hauptsächlich in der Baugröße H0, Mülltonnen als Zubehör erhältlich. Hinsichtlich ihrer Detaillierung liegen wohl derzeit die Preiser-Mülltonnen (Artikelnummer 17202) an der Spitze. Zudem ermöglichen sie einige Variationen: Man kann zum Beispiel die Farben der Deckel bzw. Klappen und der eigentlichen Tonnen „mischen". Da erstere getrennte Teile darstellen, lassen sich auch halboffene Deckel überfüllter Mülltonnen darstellen. Der Preiser-Bausatz enthält verschiedene Typen von Behältern, die im Original aus Kunststoff oder Leichtmetall bestehen.

Da auf unserer Modellbahnanlage der Platz beschränkt ist, gehen wir von einem dreistöckigen Gebäude aus. Daran entlang führt ein Fußweg mit Abzweigen zum Haus, den Parkplätzen und selbstverständlich zur Mülltonnen-Abstellanlage. Eine einfachere Ausführung erstellen wir aus insgesamt zwei langen und vier kurzen Kunststoffprofilen, wobei die Höhe variabel sein kann. Die Profile werden miteinander verklebt und gesäubert. Damit es etwas anschaulicher wirkt, können vorsichtig einfache Löcher – auch in unterschiedlicher Größe – in Abständen in die Profile gebohrt werden. Anschließend streichen wir alles mit hellgrauer Farbe.

Als Untergrund ist beliebiges Material möglich. So liefert etwa die Firma Faller leicht geprägte und bereits bedruckte Gehwegpflasterungen aus Karton. Daraus schneiden wir für den Gehweg und die Stellfläche ein passendes Stück und kleben es auf den vorgesehenen Anlagenplatz. Nun können die zuvor zusammengesteckten Preiser-Tonnen aufgeklebt werden. Etwas Grün und vielleicht kleine Bäume oder Sträucher beleben die Szene.

Mit mehr Aufwand ist eine überdachte Umgrenzung möglich. Das große Vorbild bietet dazu viele Anregungen zu einem Nachbau. Beispielsweise bilden mit Efeu bewachsene Holzbalken einen interessanten Anblick. Für einen solchen Nachbau benötigen wir als Basis wiederum Holzleistchen, die wir passend zuschneiden. Als Anhaltspunkt für die Ausmaße können unter anderem Eisenbahnschwellen dienen, denn auch in der Realität verwendete man diese nicht selten.

## Gebogenes Lüftungsrohr

Nachträglich eingebaute Be- oder Entlüftungsanlagen erfordern oft äußerlich sichtbare Rohrleitungen, so auch an diesem Altbau. Für das gebogene Rohrteil verwendete Bastian Werner ein Stück aus einem biegbaren Trinkhalm und färbte ihn entsprechend ein. Zumindest in den Baugrößen H0 und TT passen die gegebenen Proportionen gut.

## Abbruchhäuser

Spätestens seit Erscheinen diverser Modell-Abbruchhäuser im Pola-Sortiment in den achtziger Jahren sind solche Motive immer wieder auf Modellbahnanlagen oder Dioramen anzutreffen. Nicht zu Unrecht, wie wir meinen, denn gerade hier ergeben sich mannigfache Gestaltungsmöglichkeiten im Detail!

So handelte auch Bernd Franta beim Bau eines bestens gelungen Dioramas im Maßstab 1:87. Unter Verwendung diverser Pola-Grundmodelle schuf er eine Häuserzeile, in der man so richtig die Atmosphäre der fünfziger Jahre spürt – angefangen von passenden zeitgenössischen

Fahrzeugmodellen über verblichene Reklamen der Vorkriegszeit bis zum Hinterhof-Milieu. Lassen Sie sich am besten ohne viele Worte direkt von den Aufnahmen inspirieren, die zudem viele Anregungen für die eigene Anlage vermitteln.

Im derzeitigen Pola-Sortiment finden sich unter anderem folgende Bausätze, die als Basis für „Abbruchmotive" dienen können:

- Für die Baugröße H0 die Artikelnummern 310162 (Abbruchhaus) oder 310166 (Stadthaus-Ruine), für N 320147 (Stadt-Abbruchhaus).
- Hat die Hausrenovierung bereits begonnen, wäre der Auhagen-Bausatz Nr. 12 270 (Stadthaus in Renovierung) eine Grundlage; er eignet sich besonders für die Baugröße TT.

**Die fünfziger Jahre: An dieser Straßenecke ist noch reichlich Abbruch- und danach Aufbauarbeit nötig! Foto: Bernd Franta**

## Außen angebrachte Alarmanlagen

Stellten sie vor 20 oder 30 Jahren noch eher die Ausnahme dar, sind sie mittlerweile recht häufig anzutreffen: Alarmanlagen, die außen an Gebäuden angebracht wurden. Fand man diese Einrichtungen anfangs vorwiegend an Banken, Sparkassen oder Juwelierläden, bedienen sich nun auch Gewerbebetriebe, Gaststätten, „normale" Läden

Wenn aus einer Häuserzeile ein Gebäude abgebrochen wird, ist es häufig aus Sicherheitsgründen notwendig, die Mauer(n) des(der) angrenzenden Hauses bzw. Häuser abzustützen. Da sich wie gesagt seit einiger Zeit Abbruch-Motive auf Dioramen oder Anlagen einer gewissen Beliebtheit erfreuen, sollten dann ebenfalls derartige Sicherungsmaßnahmen erfolgen.

Eine Nachgestaltung aus Holz- oder Kunststoffteilen ist nicht schwer, zumal sich diese sicherlich in fast jeder Bastelkiste finden dürften. Wenn nicht: Bastelgeschäfte für Schiffs- beziehungsweise Flugmodellbau führen bestimmt passende Vierkant-Holzprofile.

**Der Abrissbagger hat bereits ganze Arbeit geleistet Foto: Bernd Franta**

Alarmanlage an einer Werkstatt

„Sicher ist sicher!“, sagte sich der Besitzer unserer Miniatur-Apotheke und ließ an der Hausecke eine Alarmanlage installieren

oder Privatpersonen dieser Sicherungseinrichtung.

Für Modellbahnanlagen bzw. Dioramen ab der Epoche 4 sollte daher diesem Aspekt ebenfalls Beachtung gewidmet werden, zumal eine Anfertigung – sehen wir vielleicht vom Maßstab 1:220 einmal ab – nicht schwer ist.

Wenn auch die einzelnen Arten der Alarmanlagen rein optisch differieren mögen, ist ihnen doch eine orange oder orangerote Warnblinkleuchte gemeinsam. Falls nicht ohnehin in der häufig zitierten Bastelkiste vorhanden, sind solche Leuchtenattrappen als Zubehör von Modellautos separat zu kaufen. Für unser Beispiel wählten wir Herpa-Blinklichtattrappen. Zwar gibt es diese gegenwärtig nur als Blaulicht, doch bereitet ein Umfärben auf Orange keine Schwierigkeiten. Die eigentliche Leuchte wird auf den dazu passenden weißen Sockelring geklebt.

Anschließend benötigen wir noch die Andeutung des akustischen Klangkörpers. In der Regel ist dies ein kleines quaderförmiges Kästchen mit seitlichen Schallschlitzen. Dem Herpa-Bausatz liegen noch weitere rechteckige Sockel bei, aus denen man gut den „Klangkörper“ fertigen kann. Für eine zierliche Ausführung eignet sich der flache weiße Sockel mit quadratischem Grundriss – gegebenenfalls das Teil doppelt nehmen –, während eine etwas aufwändigere Version den größeren Sockel mit rechteckigem Grundriss bekommt. Dann kleben wir das Ganze an die betreffende Hauswand – fertig!

Übrigens gibt es mitunter recht unkonventionelle Arten des Anbringens. An einer Werkseinfahrt montierte beispielsweise die Firma Siemens in Nürnberg die Blinkanlage auf einen separaten Pfosten. Wenn sie mit offenen Augen durch die Stadt gehen, fallen Ihnen mit Sicherheit noch weitere interessante Arten solcher Alarmanlagen auf.

## Für rasche Schneeräumung vor dem Haus

Da gibt es Mengen verschiedenster Miniaturfiguren auf dem Markt, da wächst auch die Beliebtheit von Wintermotiven – doch eines wurde bislang nicht berücksichtigt: Wer befreit unsere Modellgehwege eigentlich von der weißen Last? Dem wollen wir ein wenig abhelfen.

Als Ausgangspunkt dient eine H0-Figur in dickerer Kleidung und – für die Schneeschaufel –

Mit geeigneter Ausrüstung und Kleidung auf zum Schneeräumen

„arbeitenden" Position. Die Schaufel fertigen wir aus einem Stück Messingdraht (ungefähr 1,2 Millimeter Stärke) und einem sehr dünnen (0,2 Millimeter) Stück Plastik der Firma Evergreen. Zuerst muss daraus die Breite der Schaufel mit sieben Millimetern ausgeschnitten werden. Danach rollen wir, um eine Wölbung zu erzielen, das Plättchen vorsichtig gegen ein passendes Rundmaterial hin und her. Ist dies geschehen, wird die Länge – etwa vier Millimeter – abgestimmt. Mit einer kleinen Vierkantfeile arbeiten wir in die vorgeformte Schaufel hinten mittig einen Schlitz ein, um dem Stiel mit einem Tropfen Sekundenkleber Halt zu gewähren. Zum Schluss erhält die Schaufel noch ihre Farbe – dann kann das Schneeschippen beginnen!

## Details der fünfziger Jahre in ländlichen Siedlungen

Die 50er-Jahre waren in Mitteleuropa weithin durch die Behebung von Kriegsschäden und einem allmählichen Wiederaufbau gekennzeichnet. Dies wirkte sich nicht zuletzt in ländlichen Bereichen aus, wo es meist nur kleinere Kriegsschäden gab. Wegen der begrenzten finanziellen Mittel waren indes Improvisationen Gang und Gäbe, und auch bei Neubauten versuchte man, möglichst viel Eigenleistungen beizusteuern. So entstand ein vielfach buntes Bild an Details, deren Nachbildung auch im Kleinen reizvoll ist. Einige davon wollen wir hier präsentieren:

### Hausbriefkästen

Sie spielten damals auf dem Land eine geringere Rolle als heute und stellten überwiegend kleine, an der Hauswand befestigte Blechkästen dar. Wo es bereits separate Hausbriefkästen gab, waren diese häufig im Eigenbau aus Holz entstanden und hinter dem Gartenzaun zu finden. Größere Zaunsäulen mit darin integrierten Briefkästen stellten ja noch bis Mitte der fünfziger Jahre eher die Ausnahme dar! Wir präsentieren hier einen Kasten, der angenommenermaßen als Eigenbau des Hausbesitzers schon für ein etwas größeres Post- oder Zeitungsaufkommen ausreicht. Wichtig ist ein nach hinten geneigtes, leicht überstehendes Dach, um das Regenwasser sofort abzuleiten. Die Skizze auf der vorigen Seite zeigt einen Kasten im Maßstab 1:87, wobei folgende Originalmaße zu Grunde liegen:

- Breite 30 cm,
- Tiefe 20 cm,
- Höhe vorn 50 cm,
- Höhe hinten 40 cm.

Aus Holzresten – für Baugröße H0 eignet sich beispielsweise zwei bis 2,5 Millimeter starkes Sperrholz – ist ein solcher Hausbriefkasten rasch gefertigt, für das Dach verwenden wir stärkeres Papier.

### Frühbeete

In vielen Siedlungen war die zumindest teilweise Selbstversorgung mit eigenen Gartenerzeugnissen weit verbreitet – und dazu gehörte natürlich auch Ge-

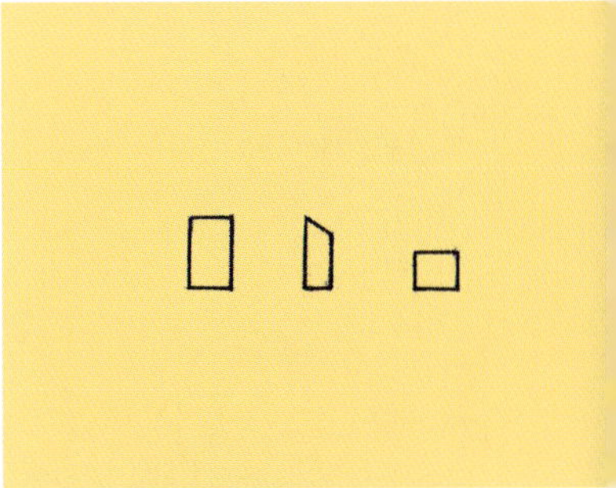

Skizze für den Bau von Hausbriefkästen im Maßstab 1:87

Post von Onkel Jan für die Familie

Wenn man sich bei der Größe des Frühbeetes nach vorhandenen Fensterteilen richtet, ist die Anfertigung besonders einfach

Reiche Ernte steht an, auch Stangenbohnen sind dabei Foto: Ilona Werner

müse aus dem selbst gebauten Frühbeet. Auf ein Betonfundament wurden die Abdeckungen gelegt, die anfangs noch nicht aus Folie, sondern aus ausrangierten Fenstern bestanden. Dies lässt sich im Modell leicht durch Sprossenfenster aus der Bastelkiste nachbilden, wobei sich die genaue Größe der Beet-Umfassung – im Modell aus starker Pappe oder Holz gefertigt – nach den Fensterausmaßen richtet. Gegebenenfalls ist zwecks besserer Festigkeit noch eine Bodenplatte notwendig.

Die Fensterrahmen sollten eine matte, graubraune Farbgebung erhalten und selbstverständlich mit Cellon oder ähnlichem „verglast" werden. Im Beet selbst dürfte eine bloße braune Einfärbung des „Erdreichs" genügen, darauf könnten einige grüne Schaumstoffflocken geklebt werden.

Abgestützter Ast eines Apfelbaums, links davor haben sich die Maulwürfe ausgetobt

## Bohnenstangen

Diese boten in jener Zeit einen weit rustikaleren Anblick als heute – zwangsläufig leicht unregelmäßige Holzstangen wurden im Eigenbau zusammen gefügt. Mit Holz- oder Kunststoffstäbchen ist dies auch im Kleinen rasch erfolgt. Natürlich wirkt es noch besser, wenn das Pflanzenwachstum bereits eingesetzt hat. Dazu benutzen wir Schaumstoffflocken und bekleben mit ihnen die schrägen Stangen.

## Hackstock

Da in den Häusern Ofenheizung vorherrschte, wurde neben Kohlen noch reichlich Holz verfeuert. Dazu hatten viele Hausbesitzer hinter dem Haus einen Hackstock, den wir im Modell leicht aus echtem Holz anfertigen können. Wichtig ist, dass ein „entrindeter", also glatter Eindruck des Hackstocks entsteht.

**Der Ho-Hackstock entstand vorbildgerecht aus richtigem Holz**

Die Höhe betrug meist 80 bis 90 Zentimeter.

### Aststützen bei Obstbäumen

Eine reiche Obsternte vor allem von Apfelbäumen – diese besitzen ja ausladendere Äste als etwa Birnbäume – führt oft zu einer starken Belastung der Äste und im Extremfall zum Bruch. Abhilfe schaffen dann temporäre Aststützen. Am einfachsten entstehen diese durch zwei Holzstangen, die im oberen Teil miteinander befestigt werden. In den so gebildeten Winkel kommt dann der Ast bis zur Ernte zu liegen. Bei dünneren Ästen kann auch eine einzige Stange genügen, wenn sie oben eine kurze Verzweigung in Form eines „V“ aufweist. Aus Kunststoffteilen sind solche Aststützen rasch gefertigt.

## Maulwurfshügel

Selbst auf die Gefahr hin, sich den Unmut mancher Gartenfreunde zuzuziehen, soll doch eine solche Naturerscheinung kurz in diesem Buch angesprochen werden. Zumindest für die Baugrößen von TT an aufwärts können einige dieser kleinen Erdhaufen eine Rasenfläche optisch auflockern, sei es im Garten hinter dem Haus oder auch abseits in der freien Natur. Zur Nachgestaltung gibt es mehrere Möglichkeiten. Ein „Kern“, etwa aus Universal-Spachtelmasse oder Fensterkitt erhält nach vollständigem Trocknen der Masse sein erdähnliches Aussehen durch braunes Einfärben, gegebenenfalls ist mit etwas feinem, ebenfalls braunem Streumaterial nachzuhelfen.

## Hühnerdomizil

Zu den Modell-Bauernhöfen, die die Zubehörindustrie anbietet, können wir mit wenigen Mitteln auch ein Kleingebäude für das Federvieh basteln, wie hier im H0-Maßstab. Als Basismaterial dient eine Bastelplatte mit Ziegelimitation; daraus fertigen wir die 40 mal 20 Millimeter messenden Wände. In eine Stirnseite wird eine Fensteröffnung geschnitten, in die Vorderseite eine Öffnung für die Tür. Weitere Löcher bzw. Öffnungen für die Hühner folgen. Anschließend säubern wir die Schnittkanten und auch auf ihre Rechtwinkligkeit.Der Bastelkiste entnehmen wir Tür und Fenster und kleben diese in die Wandöffnungen ein. Das Dach kann aus einer Dachplatte – etwa aus dem Kibri-Programm – gefertigt werden. Für die oberen Öffnungen sind kleine Hühnerleitern

**Auch die Hühner brauchen ein Dach über dem Kopf. Ein alter Schuppen, von dem schon der Putz blättert, genügt**

**Darf in den Epochen 2 und 3 nicht fehlen: Ein Kaninchenstall. Die Skizze (unmaßstäblich) kann variiert werden**

notwendig, die wir aus Kunststoff oder Pappstreifen herstellen. Kleine Querstege bestehen aus Material der Firma Evergreen. Ist alles gut getrocknet, erhält das Bauwerk noch eine entsprechende, zum Gehöft passende Farbgebung.

## Kaninchenstall

Im Original werden solch kleine Stallungen einfacher Art meistens aus Lattenresten zusammengenagelt; diese Bauform wollen wir uns auch im Modell zu Eigen machen. In der Bastelkiste finden sich bestimmt passende Reste von Polystyrol. Den einzigen Zukauf bildete als Maschendrahtnachbildung für die einzelnen Öffnungen eine fein geätzte Messingplatte (Artikelnummer 9337) der Firma Weinert Modellbau. Mit scharfem Skalpell und stabilem Lineal schneiden wir die einzelnen Gitterstücke aus. Kleiner Tipp: Die Teile anfangs immer etwas größer halten, nachgebessert wird dann mit Seitenschneider und Schleifpapier beim Zusammenbau. Das Einkleben erfolgt mit Sekundenkleber, eventuell genügt auch Klarlack von Humbrol oder Revell. Zum Schluss werden die Gitter noch mit silbergrauer Farbe nachbehandelt. Übrigens: Im Programm der Firma Noch findet sich für ein nettes Figurenset mit der Bezeichnung „Tiere auf dem Bauernhof", das auch Kaninchen bzw. Hasen enthält. Wir können damit unseren Stall sogar echt „bevölkern"!

## Vogelhäuschen

Es erstaunt, dass Vogelhäuschen auf Modellbahnanlagen oder Dioramen nicht allzu häufig nachgebildet werden, obschon sie in Siedlungsgebieten oder auf dem Land weit verbreitet sind. Zudem bieten sie durch verschiedene Möglichkeiten ihres Anbringens – etwa auf Bäumen oder an Pfählen – durchaus Raum für bastlerische Kreativität.
Ein kleines Vogelhaus mit einer runden Öffnung und einem darunter angebrachten Pfosten ist schnell aus einem Vierkantholz

**Zwei Vogelhäuser im Modell**

**Ein komfortables Heim für Zuchttauben im Maßstab 1:87**

**Skizze des Taubenhauses**

– es kann natürlich auch Kunststoff sein – hergestellt. In der Baugröße H0 wäre ein quadratischer Querschnitt von maximal drei Millimetern Seitenlänge angebracht, die Höhe des abzulängenden Stücks könnte dann fünf Millimeter betragen. Zuvor sollten wir allerdings die Löcher für die Öffnung (einen Millimeter) anbringen und auch ein dünnes Loch für den Stiel vorsehen.

Nun kann das Häuschen Gestalt annehmen. Das Ende des Vierkantprofils wird schräg abgefeilt, anschließend kleben wir die Abdeckung aus einem Stück Papier oder dünnem Kunststoff darauf fest. Als Farben bieten sich Braun, Ocker oder auch Grau an. Nachdem wir aus einem Stück Draht den Stiel gefertigt haben, fixieren wir ihn vorsichtig mit etwas Klebstoff am Boden des Häuschens. Etwas umfangreicher gestaltet sich die Herstellung eines größeren Häuschens, wie es vielleicht der eine oder andere schon im Original selbst gebaut hat. Zuerst werden (für den Maßstab 1:87) auf einem ein Millimeter starken Stück Karton, Kunststoff oder Holz die Umrisse des Häuschens aufgezeichnet; die Bodenplatte misst in H0 drei mal sechs Millimeter. Wenn wir es auf einem Pfahl aufstellen möchten, erhält die Bodenplatte vor dem Aussägen an der Unterseite eine Bohrung. Die seitlichen Wände werden anschließend auf die Platte geklebt, wobei wiederum an die Öffnung zu denken ist.

Das hier vorgestellte Modell entstand aus Kunststoffresten und wurde mit Faller-Expert-Kleber zusammengeklebt. Für das Dach verwendeten wir feines Schleifpapier, das eine realistisch wirkende „Teerpappenstruktur“ aufweist. Nach dem Trocknen kann die Bemalung erfolgen.

## Taubenhaus

Außer diesen normalen Vogelhäuschen begegnen uns hin und wieder auch regelrechte Paläste, die dann im Regelfall für Zuchttauben gedacht sind. In manchen Regionen hat so gut wie jeder Bauernhof so einen Taubenschlag. Bei unserem Muster handelt es sich um ein Taubenhaus in Achteckform, das auf einem mittig sitzendem dicken Pfahl angebracht ist. Die einfachste und schnellste Möglichkeit zum Bau eines Modells ist sicherlich die Verwendung von Balsaholz, wobei für die achteckige Form des „Hauses“ eine aus Papier gefertigte Schablone gute Dienste leistet. Ist der Gehäuserohling soweit fertig, folgt das Versäubern. Die Öffnungen werden eingezeichnet und mit einem Handbohrer vorsichtig vertieft; bei diesem Arbeitsgang bohren wir auch gleich am Boden das Loch für den Pfahl mit. Etwas diffiziler gestaltet sich die Herstellung des Daches. Ein kegelförmiges Runddach entsteht aus einer Papierscheibe, die einen radialen Ausschnitt erhält und entsprechend „versetzt“ wieder zusammengeklebt wird. Wenn das Dach in seiner Form unseren Vorstellungen entspricht, kleben wir es auf den achteckigen Hauskörper. Bei der Bemalung können wir der Phantasie freien Lauf lassen – nur freundlich sollten die Farbtöne sein.

Achtung: Katzenrevier!

## Katzenrevier

Tierfreunde, die zu Recht stolz auf ihre Lieblinge sind, zeigen dies gerne nach außen. Während an den Garten- oder Haustüren angebrachte Hinweise auf Hunde auch den praktischen Aspekt einer Warnung für fremde Personen besitzen, ist dies bei Katzen etwas anders. Wenn man aber am Vorgarten eine so große Hinweistafel auf samtpfötige Mitbewohner findet, handelt es sich bestimmt um eine Prachtkatze mit vollem Familienanschluss.

Übrigens: Preiser-Miniaturkatzen würden sich wahrscheinlich auch über ein solch rasch hergestelltes Schild am Vorgarten freuen…

## Gleis als Gleitbahn

Die Vorteile des Rad-Schiene-Systems liegen im seinem geringen Rollwiderstand. So benutzt man dieses Grundsystem nicht nur im eigentlichen „großen" Transportwesen, sondern auch häufig innerbetrieblich. Eine interessante Anwendung aus dem Sägewerksbereich möchten wir den Leserinnen und Lesern nicht vorenthalten.

Blick von Süden zum Sägebereich der Straupitzer Mühle. Im Vordergrund das Gleis der Schleppbahn

Ein aus der Auhagen-Lore gebauter Rollbock auf der Gleisattrappe des selben Herstellers

Wenn lange Baumstämme in einem Sägwerk in kleinere Stücke zerlegt werden, muss der Stamm langsam zum Sägegatter bewegt werden. Daher eignen sich für diese Art von Transport auf Schienen laufende kleine Rollwagen unter dem Baumstamm. Das schmalspurige Gleis verläuft dabei nicht nur durch den Sägeraum, sondern beginnt bereits eine durchschnittliche Stammlänge außerhalb des Gebäudes und reicht auch dahinter noch ein gutes Stück weiter.

Unser Beispiel findet sich im Spreewald in der Straupitzer Mühle. Dieses sehenswerte Bauwerk ist zu besichtigen und stellt eine der wenigen erhaltenen Mühlen dar, die gleich drei Zwecken dienen können:

als Getreide-, Säge- und Ölmühle (hier das beliebte und gesunde Leinöl). Regulär ist in Straupitz heute noch die Ölmühle in Betrieb, doch kann zu besonderen Anlässen auch Getreide gemahlen oder Holz gesägt werden. Der Antrieb erfolgt inzwischen natürlich elektrisch.

Die Gleitbahn für die an die Mühle gebaute Säge dürfte eine Spurweite von etwa 50 bis 60 Zentimetern aufweisen und eignet sich zu einer Nachgestaltung unter Verwendung von feinen Gleisattrappen – Modellspurweite 6,5 Millimeter – der Firma Auhagen (enthalten in den Packungen Nr. 29 572 oder 12 268). Wer eine vollständige Bastelei der Rollböcke scheut – kein Problem! Da die genannten Auhagen-Bausätze auch kleine Loren enthalten, machen wir uns dies zu Nutze. Das Untergestell wird normal mit vier (nicht rollfähigen) Rädern versehen. Nun nehmen wir einen der Bügel, der eigentlich die Kippmulde trägt und schneiden ihn an der waagerechten Seite über dem Zapfen kleiner; der Zapfen muss jedoch erhalten bleiben. Diese Seite wird anschließend so in die Mitte des Fahrgestells geklebt, dass die Seitenwangen V-förmig nach oben zeigen. Die so entstandene Mulde könnte dann einen Baumstamm aufnehmen.

Die Gleisgestaltung außerhalb des Gatterraums bietet ebenfalls einige Bastelanregungen, da das eine Gleisende in einer kleinen Vertiefung vor dem Gebäude ausläuft; hier bietet sich festes Styropor als Untergrund an.

**Sägemühle Straupitz: Beginn des teilweise tiefer liegenden Schleppgleises. Auf dem Holzwagen liegt symbolisch ein Baumstamm, der zur Weiterverarbeitung auf Rollböcken zum Sägegatter bewegt wird**

**Mit diesen speziellen Rollböcken gelangt der Stamm ins Sägegatter, wobei er mit Schraubzwingen fest eingespannt wird**

Selbstverständlich muss es sich bei der Mühle auch nicht unbedingt um eine Windmühle handeln – eine Wassermühle würde den gleichen Effekt erzielen.

# In Wald

# und Flur

Kosak/Archiv GN

„O, geht's da tief runter!", scheint die junge Frau mit Rucksack zu denken Foto: Ilona Werner

## Unterschiedliche kleine Holzbrücken

Für kleinere Brücken, vor allem wenn sie keinen öffentlichen Fahrzeugverkehr aufweisen, bildet Holz nach wie vor einen häufig und gern verwendeten Baustoff. Von Natur aus eine gewisse „Wärme" ausstrahlend, fügen sich Holzbrücken meist besser in die Umgebung ein als andere Bauwerke. Und auch auf Modellbahnanlagen werden Holzbrücken gern nachgebildet! Hier folgt nun die Beschreibung zweier höchst unterschiedlicher Konstruktionen.

Kleiner Steg, aber ein massives Geländer aus Vierkanthölzern

### Fußgängersteg mit Satteldach

Interessantt ist ein kleiner Fußgängersteg, den Bastian Werner für seine Modellbahnanlage baute. Da die in felsigem Gelände liegende Brücke nur Fußgängern dient und das Gebiet gern von Wanderern benutzt wird, sollte die Brücke keinen bloßen Zweckbau darstellen, sondern auch optisch ansprechen. Und dazu bietet eine Überdachung immer eine reizvolle Grundlage! Der eigentliche Steg besteht wiederum aus hölzernen Längsbalken, die mit als Bodenbelag dienenden Querhölzern belegt sind. Darauf wurde die Dachkonstruktion befestigt: auf jeder Seite drei Holzpfosten, darüber das Satteldach. Als Abdeckung diente feines Schleifpapier zur Dachpappenimitation. Vier entsprechend zugeschnittene Teile von Gartenzäunen – von der Zubehörindustrie in mannigfachen Formen angeboten – bilden das Geländer des kleinen Steges.

### Einfacher Fußgängersteg

Gewissermaßen eine Nummer kleiner zeigen sich Stege, die einen kleinen Wassergraben überqueren, Vom Unterbau her ähnelt sie der überdachten Konstruktion, nur ist der Aufbau wesentlich einfacher gehalten: beidseitig ein aus Streichhölzern entstandenes stabiles Holzgeländer. Was im Modell häufig übersehen wird, ist die ausreichende Breite auch bei nicht dem Kraftfahrzeugverkehr dienenden Wegen bzw. Brücken – zwei Fußgänger sollten sich problemlos begegnen können. .

## Entwurzelte Bäume

Ohne nun einem Katastrophen-Szenarium das Wort reden zu wollen: Warum sollten wir nicht auch den ein oder anderen entwurzelten Baum auf der Anlage vorsehen? Draußen in der freien Natur sind solche Bäume immer wieder anzutreffen, zumal sie dort – Ausnahmen: Blockade von Verkehrswegen oder unmittelbare Gefahr – meist nicht so rasch entfernt werden müssen wie in bebauten Gebieten.
Im Kleinen kostet diese Bastelei zudem kaum besonderes Mate-

Unterseite einer Baumwurzel (Basis: Modell der Firma Noch). Mit einer Universalspachtelmasse wird der Kunststoff unregelmäßig verdickt und danach eingefärbt. Zur besseren Erkennbarkeit auf dem Foto erfolgte die Einfärbung noch nicht vollständig

rial. Die handelsüblichen Modellbäume besitzen in aller Regel einen Standsockel in Form einer größeren Wurzel, die wir aber bei der „Einpflanzung“ nicht benötigen. Ein solches Kunststoffteil bildet die Grundlage zum Bau. Wenn nötig, werden noch einige Wurzelstränge deutlicher heraus gearbeitet. Dann formen wir aus nicht zu dünnflüssiger Spachtelmasse möglichst unregelmäßig die verbliebenen Erdballen an der Unterseite und färben sie nach dem Trocknen braun ein. Von diesem so entstandene Baumtorso nehmen wir an, dass der Stamm und die Äste schon entfernt wurden. Sollen auch diese noch vorhanden sein, müssten wir allerdings einen kompletten Baum opfern und dementsprechend „lädieren“.

**Entwurzelter Baum im Spreewald mit reichlich Erde zwischen den Wurzelsträngen. Da es sich um ein Naturschutzgebiet handelt, sind Veränderungen durch den Menschen enge Grenzen gesetzt**

## Vogelscheuche

Zwar sind Vögel für den Kreislauf in der Natur höchst wichtige Tiere, aber mitunter begegnen sie uns auch nicht gerade als Freunde. Klar, die Rede ist hier von Vögeln, wenn sie sich an Früchten von Feld und Garten gütlich tun – also basteln wir eine Vogelscheuche!

Zuerst wird ein Kreuz aus Draht gebildet, wobei Einkerbungen an der Verbindungsstelle die Festigkeit erhöhen. Nach dem Trocknen setzen wir auf den oberen Teil des Drahtes eine Kopfform aus handelsüblicher Modelliermasse (unter anderem im Schreibwarenhandel erhältlich). Wenn Sie sich für einen Hut entscheiden, muss die Kopfform oben etwas abgeflacht werden. Den „Kopfschmuck“ selbst fertigen wir dann aus einem runden Papierstück, das den eigentlichen „Zylinder“ aus einem Rundprofil (Holz, Kunststoff) erhält. Der Mantel unserer Figur kann wiederum aus Papier oder Modelliermasse entstehen. In die Ärmel kleben wir „Strohhände“ aus Pinselborsten. Schließlich macht ein um den Hals gelegtes Papierhalstuch das Schreckgespenst noch etwas markanter.

## Rustikales Denkmal aus Holz

Aus Holz gefertigte Denkmäler oder Gedenkstätten sind zwar weniger häufig anzutreffen als solche aus Stein oder Metall, doch kann eine Nachgestaltung im Kleinen sehr reizvoll sein, wenn wir auch dort als Basis den natürlichen und gut zu bearbeitenden Werkstoff Holz benutzen. Das Vorbild für das kleine, rustikal wirkende Denkmal befindet sich im oberpfälzischen Amberg in den Auen der Vils.

**Skizze zur Vogelscheuche**

**Kreuzstein, Steinkreuz und das rustikale Denkmal als Modelle im Maßstab 1:87**

Für eine Landesgartenschau vor einigen Jahren naturnah umgestaltet, kann man neben dem gewundenen Fluss einige Kilometer durch die abwechslungsreiche Tallandschaft mit Wiesen und kleineren Baumgruppen laufen.
Im nördlichen Teil, unweit der Anlegestelle für die beliebten „Vils-Plätten" (= spezielle flache Kähne) widmete man Adalbert Stifter (1805 – 1868), dem bekannten Dichter des Böhmerwaldes, eine nicht alltägliche Gedenkstätte. In Assoziation zum Wald dient ein etwa ein Meter hoher Teil eines entrindeten Baumstamms als Basis. Die „Deckfläche" wurde nach hinten abgeschrägt und vorn auf einer Holztafel die entsprechende Beschriftung eingefügt. Diese kann im Modell sicher weggelassen werden – entscheidend ist hier der Gesamteindruck. Die Anfertigung ist problemlos, denn passende Aststückchen finden wir in jedem Garten, Park oder Wald. Selbstverständlich ist das Holz zu säubern, unter Umständen kann mit matten Deck- oder Plaka-Farben eine Nachbearbeitung stattfinden. Etwas abseits eines Parkweges aufgestellt, bringt ein solches Denkmal, auch wenn es nur klein ist, Abwechslung in unsere Modell-Grünanlagen.

## Steinkreuz und Kreuzstein

Aus unterschiedlichsten Anlässen – beispielsweise Mordfällen – entstanden in den vergangenen Jahrhunderten an manchen Stellen steinerne Feldkreuze. Neben größeren Ausführungen finden sich auch oft relativ kleine und einfach gearbeitete Plastiken, die nicht schwer als Modell nachzubilden sind. Als Baustoff bietet sich wegen seiner guten Bearbeitungsmöglichkeiten Holz an; wir verwendeten für ein Kreuz im Maßstab 1:87 Sperrholz von zwei Millimetern Stärke. Die Figur wird mit einer Laubsäge ausgesägt, danach kommt die Feinbearbeitung wie das Abrunden der Kanten. Auf ein gleichmäßiges Aussehen müssen wir kaum achten, denn solche Feldkreuze wirken meist recht „rustikal"; zudem trug die Verwitterung ihren Teil dazu bei.
Feldkreuze befinden sich nicht selten nahe an einzeln stehenden Bäumen oder kleinen Baumgruppen. Im Modell besteht bei einer solchen Umgebung jedoch die Gefahr, dass das doch recht kleine Kreuz schlecht erkennbar ist. Dann könnten wir es auch direkt an einem Wiesenrand oder Feldrain aufstellen, damit unsere kleine Bastelei besser ins Auge fällt.
Ungefähre Vorbildmaße des frei stehenden, vermutlich aus dem 16. Jahrhundert stammenden Kreuzes bei Nürnberg-Herpersdorf:

- Gesamthöhe 100 cm,
- maximale Breite 60 cm,
- Höhe des oberen senkrechten Teils 30 cm.

Etwa zwei Kilometer davon entfernt steht nördlich von Kornburg ein weiteres kleines Steinkreuz, das seinem Herpersdorfer Pendant recht ähnlich sieht, aber unter einem Baum errichtet wurde und zudem eine, wenn auch vergammelte, Holzbank aufweist. Die Kreuzmaße sind hier etwas größer:

- Höhe 110 cm,
- maximale Breite 90 cm,
- Fußbreite 40 cm,
- Höhe des oberen senkrechten Teils ebenfalls 30 cm.

Auffallend bei beiden Kreuzen ist der von vorn betrachtet rechte Flügel, der sich zu seinem Ende hin nach unten stark verjüngt.
Eine ähnliche Bedeutung besaßen Kreuzsteine, zumal sie auch mitunter in enger Nachbarschaft zu Steinkreuzen aufgestellt wurden. Der äußerliche Unterschied zwischen beiden Arten:

Steinkreuz nördlich von Kornburg unter einem Baum

Steinkreuz an einem Wiesenrand in Nürnberg-Herpersdorf

Ein Steinkreuz ist – vergleiche oben – ein in Kreuzform behauener Stein, während ein Kreuzstein ein mehr oder weniger behauener Stein mit eingemeißeltem Kreuz wäre. Das Kreuz stellt also dort keine separate plastische Figur dar, sondern ist als Relief in den Stein integriert. Für eine Nachbildung im Kleinen greifen wir dieses Mal sogar auf einen Original-Grundstoff zurück. Ein von Größe und Gestalt passendes Steinchen wird gereinigt und bekommt auf einer Seite mit einem feinen Schraubendreher ein Kreuz eingeritzt.

## Gipfelkreuz

Hier geht es nicht ums Hochgebirge, wo sich auf markanten Gipfeln ebenso auffällige Kreuze befinden. Denn nicht nur dort, sondern – wenn auch seltener – auf Höhen des Mittelgebirges errichtete man Kreuze. Warum sollte es beim Modellbau anders sein? Eine zum hinteren Anlagenrand ansteigende Höhe wäre dafür der geeignete Platz. Die Herstellung des Modellkreuzes ist einfach: Aus Vierkanthölzern längen wir die benötigten Teile ab und kleben sie zusammen. Wer es sich zutraut, kann auch lediglich zwei Teile vorsehen und Längs- und Querbalken durch entsprechende Auskerbungen richtig miteinander verzahnen. Ansonsten lässt sich natürlich der Querbalken auch aus zwei Teilen herstellen, die an den Hauptpfosten geklebt werden. Die Farbgebung erfolgt in einem Braunton. Hinsichtlich des Ausmaßes wäre zu bemerken, dass für unsere Zwecke die Höhe des Kreuzes etwa der dreifachen Größe einer Modellfigur betragen sollte.

„Geschafft!“, denkt sich unser Wandersmann am Gipfelkreuz
Foto: Ilona Werner

## Steinbruch-Impressionen

Ein beliebtes Modellbahnmotiv stellen Steinbrüche oder Schotter- bzw. Kieswerke dar. Außerhalb der Wohnbebauung gelegen, bieten sie sich auch für den Bau eines Anschlussgleises an, um den Reiz des Rangierbetriebes zu erhöhen. Dabei reicht durchaus schon ein einziges Stumpfgleis aus. Zu dessen Bedienung müssen die zuzustellenden Wagen als sogenannte Sperrfahrt geschoben werden; die Rückfahrt erfolgt dann normal als gezogene Sperrfahrt.

Seit den späten fünfziger Jahren stellt die Firma Vollmer ihr fast schon legendäres „Kieswerk" her, das sich wegen seiner kompakten Größe für viele H0-Modellbahnanlagen eignet und trotz des lange zurück liegenden Konstruktionsdatums auch heute noch gefällt. Auf dessen Basis lassen sich mit etwas Geschick und Phantasie reizvolle Steinbruchszenen nachbilden, wie das Foto von der Anlage von Peter Werner zeigt.

Der Steinbruch besitzt einen stumpfen Gleisanschluss und befindet sich platzsparend in einer Anlagenecke, wobei diese aber von hinten her zugänglich ist. Zwar besteht der Kern des „Berges" aus Styropor, doch fanden bei der weiteren Gestaltung auch echte Steine Verwendung. In Maßen verwendet, hält sich das dadurch bedingte Mehrgewicht durchaus in vertretbaren Grenzen.

Steinbruchgebäude aus der Vogelperspektive Foto: Ilona Werner

## Kurze Pferdebahnstrecke

Stellen Sie sich, liebe Leserin und lieber Leser, folgendes Szenarium vor: Durch eine herbschöne Mittelgebirgslandschaft mit viel Grün schlängelt sich ein Gleis, das augenscheinlich etwas schmaler als die Normalspur ist und bei dessen leichtem Oberbau keine Schwellen zu sehen sind. Eine Fata Morgana? Nein, denn seit 1996 wurde dies auf einem kurzen Abschnitt im oberösterreichischen Mühlviertel als lebendes Museum wieder Wirklichkeit: die alte, einst von Budweis bis Linz führende Pferdebahn.

Sie stellte die erste, wenn auch nicht mit Lokomotiven betriebene Eisenbahn auf dem europäischen Festland dar, verband die obere Moldau mit der Donau und diente vor allem dem Güterverkehr. Die durch Franz Anton Ritter von Gerstner konzipierte Strecke wurde in drei Etappen zwischen 1829 und 1832 in Betrieb genommen und wies eine Spurweite von 1106 Millimetern auf. Ungefähr auf halber Strecke zwischen Budweis und Linz lag beim Dorf Kerschbaum ein großer Betriebsbahnhof, dessen Stallungen knapp einhundert Pferde aufnehmen konnten. Wegen der sparsameren Trassierung auf dem oberösterreichischen Teilstück – dafür zeigte sich Matthias Ritter von Schönerer verantwortlich – war dort eine Umspurung und ein Umbau auf Lokomotivbetrieb nicht möglich, so dass die Pferdebahn 1872 zum letzten Mal verkehrte. Die heutige Normalspurstrecke der ÖBB von Linz nach Summerau weist eine abweichende Linienführung auf; die alten Baulichkeiten der Pferdebahn wurden anderweitig genutzt oder verfielen.

Nachdem schon um 1980 in Böhmen Bemühungen begannen, Relikte der alten Pferdebahn aufzuarbeiten, sollte es gut zehn Jahre später auch im Mühlviertel so weit sein: 1992 wurde der Verein „Freunde der Pferdeeisenbahn" gegründet. 1993 bis 1995 erfolgte die Restaurierung des früheren Kerschbaumer Stationsgebäudes, danach begann der Bau eines knapp 500 Meter langen Streckenstücks. Am 28. Juni 1996 nahm der rührige Verein den historischen Fahrbetrieb auf, gleichzeitig wurden im Hauptgebäude eine Bahnhofsgaststätte und das Museum eröffnet. Sicher wäre dieser Pferdebahnbetrieb ein eigenes Diorama Wert. Daher sollen in diesem Büchlein nur einige Anregungen gegeben werden, wie man zumindest einen kurzen Teil der „neuen" alten Pferdebahn ohne spezielle Hochbauten in eine Modellbahnanlage integrieren kann.

Die Gleisanlagen können bei einer Pferdebahn bescheiden ausfallen, da keine Umsetzgleise benötigt werden. So reichten zunächst drei Weichen aus: eine zur Abzweigung des Gleises in die Museumshalle und zwei für eine Kreuzungsmöglichkeit in Streckenmitte. Am nördlichen Endpunkt endet das Gleis stumpf. Zum Fahrtrichtungswechsel wird das Pferd einfach vom Wagen abgespannt und durch zwei Kutscher auf der dem „Bahnsteig" abgewandten Seite um den Wagen geführt. Ebenso rasch ist wieder angespannt!

Das Schienenmaterial entstand nach historischen Vorbildern. Die Schienen bestehen nicht vollständig aus Eisen – sie besitzen nur eine eiserne Lauffläche. Es gibt hölzerne Langschwellen, die mit Zapfen in die nur oben behauenen Querschwellen (Abstand: 1,89 Meter) eingelassen sind.

Ab 1843 ging man von hölzernen Querschwellen zu Schwellensteinen über. Wichtig ist jedoch, den Raum zwischen den

**Für den freien Gang der Pferde ist der Raum zwischen den Schienen aufgefüllt. Die Erdstreifen links und rechts des Gleises sollen verhindern, dass das Pferd während des Laufens „Appetit" auf Gras bekommt**

**Nördliches Streckenende. Es ist kein Umsetzgleis nötig bzw. vorhanden; als Gleisabschluss genügt eine einfache Holzbohle. Der Güterwagen wurde einem historischen Vorbild nachgebaut**

**Der alte Ludwigskanal westlich der Nürnberger Gartenstadt**

Schienen aufzufüllen, um den Pferden ein leichtes Traben zu ermöglichen.

Im Kleinen bietet sich an, den abseitigen Streckenendpunkt mit einigen Dezimetern Gleis auszuwählen. Dazu sollten wir möglichst zierliche Schienenprofile verwenden. Die Modellspurweiten würden – genau genommen – in den einzelnen Baugrößen so ausfallen:

**H0:** 12,7 mm;
**TT:** 9,2 mm;
**N:** 6,9 mm;
**Z:** 5,0 mm.

Es reicht also aus, von H0 bis N die jeweils niedrigere Modellspurweite zu nehmen. Als „Prellbock" dient einfach eine quer an den endenden Schienen befestigte Bohle. Weitere Anregungen mögen die Fotos vermitteln.

## Stillgelegter Kanal mit Lände

Obschon sich die Ausmaße bei weitem nicht vergleichen lassen: Stilllegungen gab – und gibt es leider noch immer – nicht nur bei Bahnlinien, sondern bisweilen auch in der Binnenschifffahrt. Manch älterer Kanal genügte den Anforderungen nicht mehr und wurde aufgegeben. Im Unterschied zu einst schiffbaren Flüssen, die nach Einstellung der Flussschifffahrt weiterhin von Paddlern oder Ruderern genutzt werden können – nur Schleusen und Wehre bilden dann Barrieren –, sieht es bei einstigen Kanalabschnitten meist etwas anders aus. Sie verloren ihren Anschluss an Flüsse und wurden oft trocken gelegt oder gingen in neuen Straßen auf. Nur stellenweise behielten sie mehr oder weniger ihr früheres Aussehen, wenn auch nun als echtes stehendes Binnengewässer. In solchen Fällen wurden dann durchaus Schleusen oder Anlegestellen äußerlich wieder hergestellt, wenn auch nicht mehr funktionstüchtig. Einige solcher Beispiele finden wir am alten Ludwigskanal im Süden Nürnbergs.

Dieser künstliche Wasserweg entstand im 19. Jahrhundert vor allem auf Betreiben des bayerischen Königs Ludwig I. und erfüllte zumindest eine gewisse Zeit den alten Traum eines Wasserwegs vom Main zur Donau. Anders als der „Karlsgraben" bei Treuchtlingen ging der Ludwigskanal sogar in voller Länge am 15. Juli 1846 Betrieb, doch litt er von Anfang an unter heftiger Konkurrenz durch die sich zu jener Zeit ebenfalls rasch ausbreitende Eisenbahn. Für einen Durchgangsverkehr erwies sich die 172,4 Kilometer lange künstliche Wasserstraße zwischen Bamberg und Kelheim indes als wenig geeignet. Nicht weniger als 88 Schleusen hemmten den Lauf der Kähne! Selbst bei den damals noch geringen Geschwindigkeiten der Eisenbahn konnte der Kanal kaum Verkehr über größere Entfernungen anziehen – der Wasserweg wurde dann de facto vorwiegend im Regionalverkehr für Massengüter genutzt. Spätestens mit Beginn des Zweiten Weltkrieges endete der zuletzt sehr gering gewordene Schiffsverkehr auf dem Ludwigskanal völlig.

Bescheiden muten uns heute die Ausmaße der Kanalschleusen an. Sie waren 34,2 Meter lang und 4,4 Meter breit, der Hub schwankte zwischen 2,3 und 2,9 Metern. Entsprechend hatten die auf dem Kanal eingesetzten Lastkähne folgende Höchstmaße: Länge 30,2 Meter, Breite 4,2 Meter, Tiefgang 1,16 Meter.

**Eine Nachbildung im Modell wert: Der kleine Ladekran, die Mauern um die alte Schiffsanlegestelle und die Schleuseneinfahrt im Hintergrund. Zum Uferweg hin ist die Schiffslände durch eine Leitplanke abgegrenzt**

Unter anderem blieben Teile des alten Kanals südlich von Nürnberg erhalten, wenn auch nicht zusammenhängend. In Worzeldorf – 1972 nach Nürnberg eingemeindet – gibt die behutsam restaurierte Anlage der kleinen Lände und der benachbarten Schleuse Nr. 68 einen Eindruck des früheren Schiffsverkehrs und eignet sich in Fragmenten durchaus zur Nachbildung auf einer Modellbahnanlage. Aus Gründen der Zweckmäßigkeit sollte die Lände schräg am Anlagenrand angeordnet werden und vor allem den Teil des Hafenbeckens mit dem Ladekran (er braucht nicht funktionsfähig zu sein) umfassen. Eventuell reicht auch noch der Platz zur Andeutung des oberen Schleusentores, das sich nur wenige Meter vom Kran entfernt befindet. Hafen- und Schleusenbecken sind mit Quadersteinen eingefasst, die sich gut aus Holzleistchen nachbilden lassen. Und um den Kanal sprießt reichlich Grün …

# Nicht Alltägliches

Hp. TEUFELSHÖHLE
Fahrdienst

**Die westliche Schranke der Mainländebahn an der Brückenstraße in Ochsenfurt, Blick aus Richtung Innenstadt**

## Schranke fürs Gleis

Beschrankte Bahnübergänge sperren in der Regel – lassen wir einmal Großbritannien oder Irland außer Betracht – Straßen oder Wege bei Zugfahrten ab. Doch auch hier gibt es bisweilen sehr ungewöhnliche Anordnungen, die auf den ersten Blick das Gegenteil vermuten lassen. Ein solches Kuriosum findet sich noch heute in Ochsenfurt am Main.

Die dortige Anschlussbahn – im Besitz der Stadt, Betriebsführung durch die DB – vom Bahnhof zur Mainlände läuft erst in einem 180-Grad-Bogen um die Innenstadt, bevor sie parallel zum Fluss den Hafen erreicht. In der Brückenstraße, die die Altstadt mit dem Mainufer verbindet, befindet sich eine recht unübersichtliche Kreuzung von Hafenbahn und Straße. Auch eine Schrankenanlage ist dort zu finden – doch halt: Nicht die Straße wird hier abgesperrt, sondern das Gleis! Nur bei Schienenverkehr werden die beiden Schrankenbäume um eine senkrechte Achse gedreht und ermöglichen eine Durchfahrt der Übergabe; die Straße ist dann durch die Schranken blockiert. Der Grund für diese nicht alltägliche Anordnung dürfte darin liegen, dass hier das Hafenbahngleis ohne Absperrung wahrscheinlich als Abkürzungsweg für Fußgänger dienen würde.

Eine solche Anordnung reizt geradezu für eine Umsetzung ins Modell. Für die Schranken können jedoch keine kompletten handelsüblichen Bahnübergänge verwendet werden, da dort erstens immer die Straße und nicht die Schiene abgesperrt wird und die Schrankenbäume stets gehoben bzw. gesenkt werden. Wenn das Ganze im Modell

funktionsfähig sein sollte, könnte man möglicherweise bei britischen Herstellern fündig werden, denn beim dortigen großen Vorbild war früher eine drehbare Schrankenanordnung die Regel.
Ansonsten dürfte für das Modell ein „richtiger" Handbetrieb genügen, wenn der Übergang nicht weit vom Anlagenrand entfernt ist. Dann wären zwei antriebslose Schrankenbäume lediglich so umzubauen, dass sie um eine senkrechte Achse drehbar gelagert sind – selbstverständlich muss dann jeder Schrankenbaum zwei vordere Stützen aufweisen.

**Die östliche Schranke der Mainländebahn. Der Drehpunkt des Schrankenbaumes wurde in die Mauer integriert**

## Bayerisches Signal in der Schweiz

Zwar ist es mittlerweile keine Seltenheit mehr, dass alte, aufgearbeitete Eisenbahnsignale von Privatpersonen als Blickfang aufgestellt werden, doch handelt es sich dann meist um Formsignale aus der jeweiligen Umgebung. Wenn wir aber ein Ru-Signal bayerischer Bauart ausgerechnet in der Schweiz finden, fällt das doch aus dem Rahmen – zumal beide Staaten ja keine direkte Landgrenze besitzen. Jedenfalls war es für den Autor eine echte Überraschung, am Rande der Gleisanlagen des Bahnhofs Interlaken Ost im Kanton Bern ein bayerisches Ru-Signal zu sehen. Um etwaige Verwirrungen für das Betriebspersonal zu vermeiden, steht das Signal allerdings um 90 Grad gedreht zu den Gleisen; damit ist es andererseits für Passanten besser sichtbar.
Fazit für die Modellbahn: Auch dort können wir ein nicht (mehr) funktionsfähiges Signal als reinen Blickfang aufstellen, selbst wenn dieses gar nicht direkt zum gewählten Thema passt.

## Mini-Inselbetrieb

Schienenstrecken dienen nicht nur dem öffentlichen Verkehr, sondern in beachtlichem Maße auch betriebsinternen Zwecken. Dies fällt in der Regel jedoch weniger auf, da die betreffenden Areale meist nicht allgemein zugänglich sind. Einen ungewöhnlichen Restbetrieb in minimaler Form kann man noch heute in Marktbreit erleben.
Das malerische Mainstädtchen in Unterfranken besaß einst für

**Bayern im Kanton Bern – auch bei der großen Bahn ist offensichtlich fast nichts unmöglich!**

**Rest der alten Mainländebahn in Marktbreit. Der G-Wagen wird noch ab und an bewegt!**

den Frachtverkehr eine Schiffsanlegestelle, die durch ein Anschlussgleis mit dem höher liegenden Bahnhof verbunden war und nur über eine Spitzkehre erreicht werden konnte. Schon vor Jahren wurde jedoch das Gleis zur Mainlände unterbrochen und weitgehend abgebaut, dagegen wird die Zuführung zum westlich davon gelegenen Gewerbegebiet nach wie vor gut genutzt. Doch nun zu unserem Inselbetrieb.

Am dortigen Mainufer ließ sich eine größere Baustoffhandlung nieder, in deren Areal das einstige Hafengleis – wenn auch kaum baulich unterhalten – mit einem alten offenen Güterwagen weitgehend liegen blieb. Und dieser Wagen wird ab und zu sogar bewegt! Er dient als eine Art fahrbares kleines Zwischenlager und kann bei Bedarf durch einen Gabelstapler oder Schlepper verschoben werden. Weil um das Gleis der Boden aufgefüllt ist, bereitet dies keine Schwierigkeiten.

Was dem großen Vorbild recht ist, kann uns fürs Modell nur billig sein: Einige Dezimeter Gleis, ohne Anschluss an die übrigen Schienenstränge, tragen zur Auflockerung eines Gewerbebetriebes bei – und ein passendes „ausgemustertes" Wagenmodell dürfte sich auch leicht finden.

## Autokran im Einsatz

Nicht alltägliche, dafür aber um so interessantere Motive bieten auch immer wieder Betriebseinsätze von großen Mobilkränen. Nachdem die Firma Kibri seit längerem eine ganze Palette solcher Fahrzeuge (vor allem Liebherr-Teleskopkräne) im Maßstab 1:87 produziert – auch Wiking liefert unter der Artikelnummer 632 einen Grove-Autokran –, bietet sich die Gestaltung einer solchen Einsatzszene im Kleinen geradezu an. Natürlich ist dafür einiger Raum notwendig. Wenn das große Fahrzeug nicht in einem Fabrikhof oder einem Platz stehen kann, ist die dort verlaufende Straße zeitweilig für den Autoverkehr zu sperren. Notwendige Verkehrszeichen und Absperrungen liefert die Zubehörindustrie ja in reicher Auswahl. Im hier gezeigten Beispiel war der Mobilkran zu Ausbesserungsarbeiten am Turm der Nürnberger Sankt-Wunibald-Kirche nötig; der dafür auf 50 Metern Länge abgesperrte Straßenabschnitt konnte lediglich einseitig auf dem Bürgersteig von Fußgängern passiert werden.

Weit ausgezogener Liebherr-Teleskopkran bei nicht ungefährlichen Arbeiten am Kirchturm. Eine nachahmenswerte Szene fürs Modell, wenn auch dort eine geringere Höhe genügt!

## Endstation!

Wie bereits im ersten Band, soll auch jetzt ein Gleisabschluss das Ende der Ausführungen symbolisieren. Allerdings ist dieser längst seiner eigentlichen Aufgabe beraubt.
Nach dem weitgehenden Gleisrückbau im Endbahnhof Gräfenberg blieb im einstigen Ortsladebereich ein Teil der Kopframpe wohl aus Kostengründen stehen. Ungewöhnlich ist jedoch, dass man auch das Schutzhaltsignal Sh 0 beließ. Das dahinter gelegene Gelände wird heute privat genutzt und das Gleisende fungiert als eine Art Gartenmauer. Beachten sie auch den Blumenkasten an der Stelle der einstigen Pufferbohle! Wir halten jedenfalls die Idee durchaus für Ihre Modellbahn geeignet. In diesem Sinne nun: Ende der Theorie – bitte alles aussteigen zum Basteln!

Endstation!

## Baugrößen

Die wichtigsten Modellbahnbaugrößen und ihre Verkleinerungsmaßstäbe

| | 2 | 1 | 0 | S | H0 | TT | N | Z |
|---|---|---|---|---|---|---|---|---|
| Maßstab 1: … | 22,5 | 32 | 43,5* | 64 | 87 | 120 | 160 | 220 |
| Spurweite** in mm | 64 | 45 | 32 | 22,5 | 16,5 | 12 | 9 | 6,5 |

* in verschiedenen Ländern aus historischen Gründen auch 1:45 bei gleicher Modellspurweite

** bezogen auf die Normalspur von 1435 mm beim Vorbild

### Allgemeine Umrechnungstabellen für ausgewählte Baugrößen

Meter in der Natur entsprechen auf eine Kommastelle gerundet

| | 1 | 2 | 3 | 4 | 5 | 6 | 7 | 8 | 9 | 10 |
|---|---|---|---|---|---|---|---|---|---|---|
| Zentimeter im Maßstab | | | | | | | | | | |
| 1:32 | 3,1 | 6,2 | 9,4 | 12,5 | 15,6 | 18,7 | 21,9 | 25,0 | 28,1 | 31,2 |
| 1:43,5 | 2,3 | 4,6 | 6,9 | 9,2 | 11,5 | 13,8 | 16,1 | 18,4 | 20,7 | 23,0 |
| 1:87 | 1,1 | 2,3 | 3,4 | 4,6 | 5,7 | 6,9 | 8,0 | 9,2 | 10,3 | 11,5 |
| 1:120 | 0,8 | 1,7 | 2,5 | 3,3 | 4,2 | 5,0 | 5,8 | 6,7 | 7,5 | 8,3 |
| 1:160 | 0,6 | 1,2 | 1,9 | 2,5 | 3,1 | 3,7 | 4,4 | 5,0 | 5,6 | 6,2 |
| 1:220 | 0,4 | 0,9 | 1,4 | 1,8 | 2,3 | 2,7 | 3,2 | 3,6 | 4,1 | 4,5 |

Zentimeter im Modell entsprechen gerundet

| | 1 | 2 | 3 | 4 | 5 | 6 | 7 | 8 | 9 | 10 |
|---|---|---|---|---|---|---|---|---|---|---|
| Vorbild-Zentimeter im Maßstab | | | | | | | | | | |
| 1:32 | 32 | 64 | 96 | 128 | 160 | 192 | 224 | 256 | 288 | 320 |
| 1:43,5 | 43 | 87 | 130 | 174 | 217 | 261 | 304 | 348 | 391 | 435 |
| 1:87 | 87 | 174 | 261 | 348 | 435 | 522 | 609 | 696 | 783 | 870 |
| 1:120 | 120 | 240 | 360 | 480 | 600 | 720 | 840 | 960 | 1080 | 1200 |
| 1:160 | 160 | 320 | 480 | 640 | 800 | 960 | 1120 | 1280 | 1440 | 1600 |
| 1:220 | 220 | 440 | 660 | 880 | 1100 | 1320 | 1540 | 1760 | 1980 | 2200 |

Umrechnungsfaktoren auf zwei Kommastellen gerundet von Maßstab … zu Maßstab …

| | 1:32 | 1:43,5 | 1:87 | 1:120 | 1:160 | 1:220 |
|---|---|---|---|---|---|---|
| 1:32 | 1,00 | 1,36 | 2,72 | 3,75 | 5,00 | 6,87 |
| 1:43,5 | 0,74 | 1,00 | 2,00 | 2,76 | 3,68 | 5,06 |
| 1:87 | 0,37 | 0,50 | 1,00 | 1,38 | 1,84 | 2,53 |
| 1:120 | 0,27 | 0,36 | 0,72 | 1,00 | 1,33 | 1,83 |
| 1:160 | 0,20 | 0,27 | 0,54 | 0,75 | 1,00 | 1,37 |
| 1:220 | 0,15 | 0,20 | 0,40 | 0,55 | 0,73 | 1,00 |

Mit dieser Tabelle lassen sich die Maße von Zeichnungen – in diesem Buch normalerweise im Maßstab 1:87 gehalten – leicht in andere Baugrößen umrechnen.

Beispiel:
Eine Seitenwand misst auf der H0-Zeichnung 50 x 64 mm. Für den Maßstab 1:120 müssten diese Werte jeweils mit dem Faktor 0,72 multipliziert werden, betragen also in der Baugröße TT gerundet 36 x 46 mm.
Für den Maßstab 1:43,5 (Baugröße 0) beträgt der Faktor 2,00, so dass dann die H0-Maße zu verdoppeln wären.

## Modellbahn-Epochen

Zur vorbildgetreuen Gestaltung von Modellbahnanlagen bzw. Dioramen gehört nicht zuletzt die zeitliche „Stimmigkeit" von Fahrzeugen, Gebäuden und Umfeld. Um hier eine gewisse Systematik zu erreichen, legte man vor Jahren sogenannte Modellbahn-Epochen fest. Lassen wir eine weitere Untergliederung außer Acht, gibt es für deutsche Bahnen bislang fünf bzw. sechs Hauptepochen:

### Epoche 1

Zeitraum bis 1920, als noch die ehemaligen deutschen Länderbahnen existierten.

### Epoche 2

Zeitraum von 1920 bis 1945: Übergang der Länderbahnen auf das Deutsche Reich; 1924 Bildung der Deutschen Reichsbahn-Gesellschaft (DRG); 1937 wieder direkte staatliche Unterstellung der Reichsbahn.

### Epoche 3

Zeitraum vom Ende des Zweiten Weltkriegs bis etwa 1970. Zunächst Aufteilung der Reichsbahn in die verschiedenen Besatzungszonen. Nach Gründung der beiden deutschen Staaten BRD und DDR im Jahre 1949 blieb im Osten der Name Deutsche Reichsbahn (DR) erhalten, während im Westen die Deutsche Bundesbahn (DB) entstand. Das Ende der Epoche markiert vor allem die Umstellung der Fahrzeugbezeichnungen auf das EDV-System mit den sogenannten „Computernummern".

### Epoche 4

Zeitraum von 1970 bis etwa 1990 mit den Bahnverwaltungen DB und DR; 1990 Beitritt der DDR zur Bundesrepublik Deutschland.

### Epoche 5

Zeitraum ab 1990. Bis 1993 bestanden mit DB und DR noch zwei deutsche Bahnverwaltungen, die 1994 in die privatwirtschaftlich organisierte Deutsche Bahn AG (DB) übergingen.

**Anmerkung:**
Bisweilen wird für die - zahlenmäßig wenigen – Anhänger der Frühzeit des Eisenbahnwesens von 1835 bis etwa 1880 noch die Epoche 0 angeführt; diese könnte jedoch auch als Teil der Epoche 1 betrachtet werden.

www.geramond.de

# Modellbau leicht gemacht

Das große Handbuch der Modelleisenbahn vereint Basis-Wissen für Anfänger und Fortgeschrittene mit vielen Praxis-Tipps von Modellbau-Profis und Aufnahmen der schönsten Modellbahn-Anlagen. Es reicht von der Rohbauplanung bis hin zur Detailszene, von der Fahrzeug-Wartung bis zur Elektronik.

Markus Tiedtke
**Das große Handbuch der Modelleisenbahn**

144 Seiten,
350 Abbildungen
Format 24,5 x 30,5 cm
ISBN 3-932785-62-2
Best.-Nr. 30062

ISBN 3-7654-7266-2
Best.-Nr. 7266

ISBN 3-7654-7260-3
Best.-Nr. 7260

**Im Buchhandel! Oder im Internet unter www.geramond.de**

GeraMond